U0577106

电气自动化控制与安全管理

杨赫 王源 卜杨佳郡 著

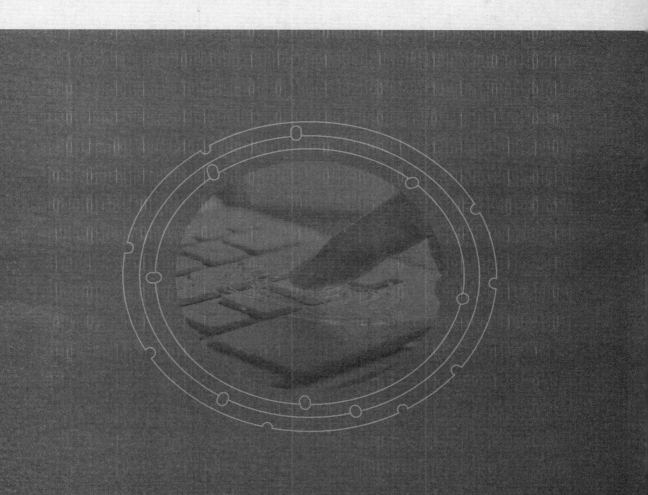

延吉·延边大学出版社

图书在版编目（CIP）数据

电气自动化控制与安全管理 / 杨赫，王源，卜杨佳
郡著. -- 延吉：延边大学出版社，2025. 2. -- ISBN
978-7-230-07942-6

Ⅰ. TM921.5

中国国家版本馆 CIP 数据核字第 2025T9Q518 号

电气自动化控制与安全管理

著　者：	杨　赫　王　源　卜杨佳郡
责任编辑：	朱秋梅
封面设计：	战　辉
出版发行：	延边大学出版社
社　　址：	吉林省延吉市公园路 977 号
邮　　编：	133002
网　　址：	http://www.ydcbs.com
E-mail：	ydcbs@ydcbs.com
电　　话：	0451-51027069
传　　真：	0433-2732434
发行电话：	0433-2733056
印　　刷：	三河市同力彩印有限公司
开　　本：	787 mm×1092 mm　1/16
印　　张：	9.5
字　　数：	200 千字
版　　次：	2025 年 2 月　第 1 版
印　　次：	2025 年 2 月　第 1 次印刷

ISBN 978-7-230-07942-6

定　　价：68.00 元

前　　言

电气自动化是中国工业化中不可或缺的内容，由于它有先进技术的指导，因而中国电气自动化技术的进步是非常快的，早已渗透到社会生产的各个行业中，人们对电气自动化技术也有了更高的要求，电气自动化技术的快速、良好发展已经迫在眉睫。

随着科技的快速发展，电气自动化控制技术不仅极大地提高了生产效率，降低了人力成本，而且为实现智能制造、智慧工厂等提供了坚实的基础。但目前，我国给予电气自动化的重视程度还远远不够，电气自动化处于缓慢发展阶段，电气自动化技术还有许多问题要解决。

电气自动化是一门与电气工程相关的科学。电气自动化控制技术由网络通信技术、计算机技术及电子技术高度集成，该项技术的覆盖范围较广，也对其核心技术——电子技术有着很大的依赖性。只有融合多种先进技术，才能形成功能齐全、运行稳定的电气自动化控制系统，并将电气自动化控制系统与工业生产工艺结合，实现生产自动化。

我国的电气自动化控制系统经历了几十年的发展，已经从集中式控制系统转向分布式控制系统、集成化控制系统。相较于早期的集中式控制系统，分布式控制系统具有可靠、实时、可扩充的特点，集成化控制系统则更多地利用了新的科学技术，功能更加完备。电气自动化控制系统的广泛应用也带来了新的挑战，尤其是安全管理方面的问题日益凸显。

现阶段，我国对技术的关注度较高，希望应用一系列的自动化技术，将大量工作任务更好地完成。电气自动化控制系统的开发和利用使得许多工作都得到了更好的处理，一般来讲，在运用电气自动化控制系统以后，工厂可以在无人看管的情况下完成生产、监督、问题处理等，最大限度地减少了劳动力，对企业的发展起到了促进作用。与此同时，企业不应满足于当下取得的成就，必须从长远的角度出发，使得电气自动化的发展更加多元化。

本书从电气自动化控制技术的基本概念入手，系统地介绍了电气自动化控制技术的发展历程、影响因素及未来趋势。接着，本书详细阐述了电气自动化控制系统的设计、特点、可靠性测试与应用，使读者能够全面了解电气自动化控制系统的构建与运行。在此基础上，本书还深入探讨了 PLC 技术在电气自动化控制中的应用，为读者提供了实用的技术参考。

除了技术层面的探讨，本书还高度重视电气安全管理，分别介绍了电气安全组织管理、电气安全应用管理、电气线路安全运行管理及电气设备安全运行管理等方面的内容，旨在帮助读者掌握电气安全管理的核心要点，确保电气自动化控制系统的安全、稳定运行。

此外，针对机械制造业这一特定领域，本书详细分析了控制系统的安全自动化技术，包括安全控制系统的设计、标准、实现与应用等方面，为机械制造业的电气自动化控制提供了有力的技术支持。

总之，《电气自动化控制与安全管理》一书旨在为读者提供全面、系统、实用的电气自动化控制与安全管理知识，帮助读者提高电气自动化控制系统的设计与应用能力，加强电气安全管理，确保工业生产的安全与高效。我们相信，本书的出版将对电气自动化控制技术的发展产生积极的作用。

本书共计20万字，其中，第一作者杨赫撰写10万字，第二作者王源、第三作者卜杨佳郡分别撰写5万字，方超对整理本书书稿亦有贡献。在写作的过程中，作者力求内容准确、语言简练、条理清晰，但由于篇幅所限，某些内容可能未能详尽展开，如有需要，读者可查阅相关文献资料或咨询专业人士。同时，诚挚地欢迎读者朋友对本书提出宝贵的意见和建议，以便作者不断改进和完善。

目　　录

第一章 电气自动化控制技术

第一节 电气自动化控制技术概述

一、电气自动化控制技术的概念

电气自动化是一门与电气工程相关的科学。我国的电气自动化控制系统经历了几十年的发展，已经从集中式控制系统转向分布式控制系统、集成化控制系统。相较于早期的集中式控制系统，分布式控制系统具有可靠、实时、可扩充的特点，集成化控制系统则更多地利用了新的科学技术，功能更加完备。

电气自动化控制系统的主要功能是控制和操作发电机组，实现对电源系统的监控，同时对高压变压器，高、低压厂用电源，励磁系统等进行操控。电气自动化控制系统可以分为定值控制系统、随动控制系统和程序控制系统三大类，大部分电气自动化控制系统是采用程序控制的。电气自动化控制系统对信息采集有快速、准确的要求，同时对设备的自动保护装置的可靠性及抗干扰性要求较高。电气自动化能够优化供电设计、提高设备运行速度与利用率、优化电力资源的配置。

电气自动化控制技术由网络通信技术、计算机技术及电子技术高度集成，该项技术的覆盖范围较广，也对其核心技术——电子技术有着很大的依赖性。只有融合多种先进技术，才能形成功能齐全、运行稳定的电气自动化控制系统，并将电气自动化控制系统与工业生产工艺结合，实现生产自动化。

电气自动化控制技术具有信号传输快、反应速度快等特点，如果电气自动化控制系统在运行阶段的控制对象较少且设备配合度高，则整个工业生产工艺的自动化程度就相对较高，这也意味着在该种工艺下产品质量可以提高到一个新水平。现阶段，基于互联网技术和电子计算机技术的电气自动化控制系统可以实现对工业自动化生产线的远程监控，通过中心控制室对每条自动化生产线运行状态进行监控，并且根据工业生产要求随时调整其生产参数。

电气自动化控制技术是由多种技术共同组成的，核心技术包括计算机技术、网络技术和电子技术。因此，电气自动化控制技术需要很多技术的支持，尤其是对这三种核心技术有着很强的依赖性。电气自动化控制技术充分结合各项技术的优势，使电气自动化控制系统具有更多功能，能更好地服务社会大众。由多种技术融合而成的电气自动化控制系统，可以与很多设备产生联系，从而控制这些设备的工作过程。

在实际应用中，电气自动化控制系统反应迅速，而且控制精度较高。当电气自动化控制系统只需要负责控制相对较少的设备和仪器时，这个生产链便具有较高的自动化程度，并且生产出的商品或产品的质量也会有所提高。

如今，电气自动化控制系统充分利用了计算机技术及电子技术的优势，可以对整个工业生产工艺的流程进行监控，并按照实际生产需要及时调整生产线的数据，以满足实际生产的需求。

二、电气自动化控制技术的要点分析

（一）自动化体系的构建

自动化体系的构建对于电气工程的发展非常重要。我国电气自动化控制技术研发的时间并不短，但实际使用时间不长，目前的技术水平还比较低，加上环境、人为、资金等多种因素的影响，使得我国的电气自动化建设过程更为曲折，对电气工程的影响很大。因此，要建立一个具有中国特色的电气自动化体系，排除影响因素、降低建设成本，提高电气工程的建设水准；此外，还要有先进的管理模式，以保证自动化系统的良好发展。

（二）实现数据传输接口的标准化

建立标准化的数据传输接口，以保证电气工程及其自动化系统的安全，是实现高效数据传输的必要因素。由于受到各种因素的干扰，在系统设计与控制过程中有可能出现一些漏洞，这也是电气工程自动化水平不高的另一个重要原因。因此，相关人员应保持积极的学习态度，学习国外先进的设计方案和控制技术，善于借鉴国外优秀的设计方案，实现数据传输接口的标准化，以提高系统的开发效率，节省成本和时间。

（三）建立专业的技术团队

在电气自动化控制系统的操作过程中，有些问题是因人员素质较低造成的。目前，一些企业员工的技术水平不高，在设备设计和安装的过程中，存在很多不安全因素，提高了设备损坏的概率，甚至可能因此导致故障或安全事故的发生。因此，企业在管理过程中，一方面，要以正确的方式，加大对现有人员的培训力度，提高其专业技术水平；另一方面，招收高质量、高水平的人才，为电气自动化控制技术的应用提供可靠的保障，将人为因素导致的电气故障率降到最低。

（四）计算机技术的充分应用

当今社会已是网络化时代，计算机技术的发展对各行各业都产生了重要的影响，为人们的生活带来了极大的方便。如果在电气自动化控制中融入计算机技术，就可以推动电气工程向智能化方向发展，促进电气工程集成化、系统化的实现，特别是在数据分析和处理方面，可以节省大量人力，提高工作效率，可以实现工业生产自动化，大幅度提高控制精度。

三、电气自动化控制技术的基本原理

电气自动化控制技术的基础是对其控制系统设计的进一步完善，其主要设计思路集中于监控方式，包括远程监控和现场总线监控两种。在电气自动化控制系统的设计中，计算机系统的主要作用是对所有信息进行动态协调，并实现相关数据储存和分析的功能。计算机系统是整个电气自动化控制系统运行的基础。在实际运行中，计算机主要完成数据的输入与输出工作，并对所有数据进行分析处理，通过计算机快速完成对大量数据的一系列操作，从而达到控制系统的目的。

在电气自动化控制系统中，其启动方式是非常多的，当电气自动化控制系统功率较小时，可以采用直接启动的方式运行系统，而在大功率的电气自动化控制系统中，要实现系统的启动，必须采用星形或者三角形的启动方式。除了以上两种较为常见的控制方式外，变频调速也作为一种控制方式在一定范围内得到了应用。从整体上说，无论采用何种控制方式，其最终目的都是保障生产设备的安全、稳定运行。

电气自动化控制系统是将发电机、变压器组及厂用电源等不同的电气系统的控制纳入 ECS 监控范围，实现对不同设备的操作和开关控制。电气自动化控制系统在调控系统的同时，也能对保护程序加以控制，包括励磁变压器、发电组和高厂变。其中，发变组出口断路器用于控制自动化开关，除了自动控制外，还支持对系统的手动操作控制。

一般集中监控方式不会对控制站的防护配置提出过高的要求，因此系统设计较为容易，设计方法相对简单，方便操作人员对系统进行运行维护。集中监控是将系统中的各种功能集中到同一处理器，然后对其进行处理，由于内容比较多、处理速度较慢，因而使得系统主机冗余降低、电缆数量相对增加，在一定程度上增加了投资成本。与此同时，长距离电缆容易给计算机带来干扰因素，这对系统安全造成了威胁，影响了整个系统的可靠性。集中监控方式不仅增加了维护量，而且有着复杂的接线系统，这些都提高了操作失误的发生概率。

远程控制方式的实现，需要管理人员在不同地点通过互联网连接需要被控制的计算机。这种监控方式不需要使用长距离电缆，降低了安装费用，节约了投资成本。然而这种方式的可靠性较差，远程控制系统的局限性使得它只能在小范围内使用，无法实现对全厂电气自动化控制系统的整体构建。

四、电气自动化控制技术现存的缺点

相对于以前的电气工程技术来说，电气自动化控制技术有了很大的突破，能够提高电气工程工作的效率和质量，提高工作的精确性和安全性，在发生故障时可以立刻发出报警信号，并可以自动切断线路。因此，电气自动化控制技术能够保障电网的安全性、稳定性及可靠性。因为电气自动化控制技术采用了自动化控制方式，所以相对于之前的人工操作来说，大大节约了劳动力成本，减轻了施工人员的任务量，并且安装了卫星定位装置，能够准确地找到故障所在点，很好地保护了电气系统，减少了损失。自动化控制技术的优点还有很多，但仍不能忽视以下缺点的存在：

（一）能源消耗现象严重

众所周知，电气工程是一项特别耗费能源的技术工程，没有能源的支撑，就无法实施电气工程。但是在现代生活中，能源的利用率较低，这阻碍了电气工程的长效发展，所以电气工程必须提高能源的利用率，才能在节能的基础上保障电气自动化控制技术的发展。纵观现在的工业企业，在节约能源方面还存在欠缺，无论是在设计方面，还是在节能方面，都缺少节能意识，这是工程设计师们亟待解决的问题。

（二）质量存在隐患

目前，有一些企业存在这样一个误区：只重视生产结果而忽视质量的好坏，无论是管理机制，还是发展模式，都不够健全，这使得电气行业发展停滞。现在，随着人们安全意识的逐步提高，质量安全成为人们关注的焦点，对于一个企业来说，质量的优劣关乎其生死存亡，尤其是在质量安全事故频发的领域，设备的质量及安全性对于企业的发展起到了至关重要的作用。

（三）工作效率偏低

生产力的发展决定了企业的生产效率，生产力发展的水平对企业效益的影响是非常重要的。改革开放以来，我国的电气工程及自动化控制技术取得了良好的发展，当然，工作效率较低也是不可忽略的缺陷。工作效率偏低的主要因素有三个方面，即生产力水平较低、使用方法有误及应用范围有限。在电气自动化控制技术方面，企业及员工能否熟练应用这些技术，直接影响到企业的经济效益及企业能否长久地发展下去。

（四）尚未形成电气工程网络架构的统一标准

从目前的发展情况来看，实现电气工程与自动化控制技术的高度融合已是大势所趋，一旦有所突破，将直接提高工业生产效率及精准度。电气工程与自动化控制技术若想实现进一步发展，就要先建立起统一的网络架构。不同企业之间存在很大的差异，并且各个生产厂家在生产硬软件设备时未设置统一的程序接口，导致很多信息数据不能共享，这也会为电气自动化控制技术的发展带来了一定的负面影响，最终影响电气工程及其自动化作用的发挥。

五、加强电气自动化控制技术的建议

（一）电气自动化控制技术与地球数字化互相结合

电气自动化工程与信息技术的典型结合就是地球数字化技术。这项技术融合了自动化的创新经验，可以把与地球相关的、大批量的、动态表现的、多维空间的、高分辨率的数据信息融合成为一个整体，通过建立坐标系，最终形成一个电气自动化数字地球。将整理出的各种信息全部写入计算机中。当计算机连接到网络后，人们无论身处何地，只要根据整理出的地球地理坐标，就能获取地球上任何地方的电气自动化相关数据信息。

（二）现场总线技术的创新使用，可以节省大量的成本

在电气自动化控制系统中大量运用了以以太网为主的计算机网络技术，经过系统运行经验的逐渐积累，电气设备的自动智能化也飞速地发展起来。在这些条件的共同作用下，网络技术被广泛地运用到了电气自动化控制技术中，现场总线技术由此产生。该技术在电气自动化控制系统设计过程中更加凸显其目的性，为企业最底层的各种设施之间提供了通信渠道，有效地将设施的顶层信息与生产信息结合在一起，针对不同的间隔会发挥不同的作用，根据这个特点，可以对不同的间隔状况分别进行设计。目前，现场总线技术普遍运用在最底层的现场设备，初步实现了自动存取数据的目标，也符合网络服务于工业的要求。与计算控制系统（Distributed Controlsystem，以下简称 DCS）相比，应用现场总线技术可以节约安装资金、节省材料，最终实现节约成本的目的。

（三）加强企业与相关专业院校之间的合作

鼓励企业到设有电气工程及其自动化专业的学校设立厂区、建立车间，进行职业技能培训，建立集多种功能于一体的生产试验培训基地。学校也可以走入企业，积极建设校外培训基地，将学生的实践能力培训与岗位实习充分结合在一起，按照企业的职业能力需求，制定人才培养方案，进行订单式人才培养。

（四）改革电气工程及其自动化专业的培训体系

第一，在教学专业团队的协调组织下，对电气工程师进行研究，总结这些工程师具有的理论知识和技术能力。学校组织优秀的专业教师，根据这些工程师反映的特点，制定与之相关的教学课程，形成以工作岗位为基础的更加专业化的课程模式。

第二，将教授、学习、实践三个方面有机地结合起来，将真实的生产任务当作对象，培养学生的实践能力，优化课程学习的内容，在学生的专业学习中至少有半数学习时间要在企业中进行实训。教师应积极组织开展实践教学，让学生更加深刻地了解将来可能从事的工作。

随着经济全球化的不断发展，电气自动化控制系统在我国社会经济发展中发挥着越来越重要的作用。本节介绍了电气自动化控制系统的现状和电气自动化控制系统信息技术的集成化，使电气自动化控制系统维护工作变得更加简便，同时，还总结了电气自动化系统的缺点，并根据这些缺点提出了使用现场总线技术的解决方法，不仅节省了资金和材料，而且提高了系统的可靠性。除此之外，还根据电气自动化控制系统的现状分析了其发展趋势，认为电气自动化控制系统要想长远发展下去，就要不断地创新，对电气自动化控制系统进行统一化管理，并且采用标准化接口；要不断进行电气自动化控制系统的市场产业化分析，保证安全地进行生产；还要加强对电气自动化控制设备操控人员的教育和培训。专业人才培养应该以学生为主，加强校企之间的合作，使学生在校期间就能掌握良好的职业技能。只有这样的人，才能为电气自动化工程所用，才能利用所学的知识更好地促进电气自动化行业的发展，为社会主义市场经济建设添砖加瓦。

第二节 电气自动化控制技术的发展

一、电气自动化控制技术的发展历程

在信息时代，信息技术的运用更加方便、快捷，信息技术逐渐渗透到电气自动化控制技术中，实现了电气自动化控制系统的信息化。在此过程中，企业管理逐步实现信息化，提高了业务处理和信息处理的效率，实现了对电气自动化控制系统的全方位监控。同时，信息技术的渗透给设备和控制系统提供了有效保障，促使通信能力更加强大，使得网络多媒体技术逐渐推广。

电气自动化是中国工业化中不可或缺的内容，由于它有先进技术的指导，因而中国电气自动化技术的进步是非常快的，早已渗透到社会生产的各个行业中。但目前，我国给予电气自动化的重视程度还是远远不够的，电气自动化处于缓慢发展阶段，电气自动化技术还有许多问题要解决。由于电气自动化技术已经广泛应用在人们的生活和生产之中，因而人们对电气自动化技术也有了更高的要求，电气自动化技术的快速、良好发展已经迫在眉睫。

电气自动化控制技术发展的历史比较久远，早在 20 世纪 50 年代，电动机电力技术产品应运而生，当时的自动化控制主要为机械控制，还未实现电气自动化控制的实质性发展，当时第一次出现"自动化"这个名词，于是电气自动化技术就从无到有，为后期的电气自动化控制研究提供了基本思路，为电气自动化控制技术的发展奠定了基础。

进入 20 世纪 80 年代，随着网络技术的迅速崛起与发展，形成了计算机管理下的局部电气自动化控制方式，但其应用范围较小，电网系统过于复杂，易出现各类系统故障。不可否认的是，这一阶段促进了电气自动化控制技术基本体系与基础结构的形成。

进入 21 世纪，高速网络技术、计算机处理能力、人工智能技术的逐步发展和成熟促进了电气自动化控制技术在电力系统中的应用，电气自动化控制技术真正形成，以远程遥感、远距离监控、集成控制为主要技术，电气自动化控制技术的基础也因此形成。随着时代的不断发展，电气自动化控制技术日臻完善，电力系统逐步走向智能化、功能化和自动化。随着信息技术和网络技术的发展，电子技术、智能控制技术等都得到了快速发展，因此，电气自动化控制技术也得到了快速发展，且逐渐成熟。随着电气自动化技术在医学、交通、航空等领域的应用越来越广泛，普通高等院校、职业技术学院都逐渐开设了电气自动化控制技术专业，并培养了一批优秀的技术人员。此时，电气自动化控制技术在中国经济发展的过程中发挥着越来越重要的作用。

如今，我国的工业化技术水平越来越高，电气自动化控制技术已在各企业得到了广泛应用，尤其是对于新兴企业来说，电气自动化控制技术已经成为现代企业发展的核心技术，越来越多的企业使用机器设备代替手工劳动，节约了人工成本，提高了工作效率，也提高了操作的可靠性。电气自动化控制技术已成为现代化企业发展的重要标志。

为了顺应时代发展的需要，很多高等院校都开设了电气自动化控制技术专业，此专业成为热门专业，更为重要的是，此专业所传授的知识和技能与社会的发展相适应，也给人们的日常生活和生产都带来了便利。电气自动化控制技术发展迅速且相对成熟，在工业、农业、国防等领域都得到了应用与发展，对整个社会经济的发展有着十分重要的意义。

二、电气自动化控制技术的发展特点

电气自动化系统是为适应社会的发展而出现的，可以促进经济的发展。在当今的企业之中，许多用电设施不仅工作量大，而且操作过程也十分复杂，一般来讲，电气设施的工作周期都是一个月至数个月。另外，电气设施的运行速度较快，必须有相应的装置来确保电气设施的稳定、安全，结合电气设施所具有的特点，电气自动化控制系统与电气设施进行融合管理的效果较好，并且企业在应用了电气自动化控制系统以后，其电气设施的工作效率也得到了提高。尽管电气自动化控制系统的优越性有很多，但现今的电气自动化控制系统研究还不是很成熟，还存在许多问题，应对其进行完善，因此相关部门应提高对电气自动化的重视程度，加强电气自动化方面的研究。

（一）信息集成技术的应用

信息集成技术在电气自动化中的应用主要包括以下两个方面：

一是信息集成技术应用在电气自动化的管理之中。如今，信息集成技术不但在企业的生产过程中得到应用，而且在进行企业生产管理时也会应用到。信息集成技术能够对生产过程中产生的数据进行有效的采取、存储、分析等。

二是可以利用信息集成技术有效地管理电气自动化设备，提高设备的自动化水平和生产效率。

（二）电气自动化系统检修便捷

如今，很多行业都采用了电气自动化设备，尽管它们的种类很多，但应用系统还是比较统一的，主要是 Windows NT 及 IE，形成了统一的平台。应用可编程逻辑控制器（Programmable Logic Controller，以下简称 PLC）系统管理电气自动化系统的操作比较简便，非常适合生产活动。

PLC 与电气自动化系统的结合，使得电气自动化智能水平提高了许多，其操作界面也更加人性化，若是系统出现问题，则可在操作过程中及时发现。PLC 还有自动恢复功能，大大减轻了相应的检修和维护工作，可避免设备发生故障，并且提高电气自动化设备的应用效率。

（三）电气自动化分布控制技术的广泛应用

电气自动化分布控制技术的功能非常多，它的系统包含很多部分，一般来讲，控制系统主要分为以下两种：

一是设备的总控制部分，通过相应的计算机信息技术控制整个电气自动化设备。

二是电气设备运行状况监督与控制部分，这是总控制系统的一个分支，靠它来完成电气自动化系统的正常运行。

总控制部分和分支控制部分的系统主要是通过线路串联连接的，使得总控制系统在实现有效控制的同时，分支控制系统也能够把收集的信息传递至总控制系统，整个系统可以有效地对生产进行调整，确保生产的顺利进行。

三、电气自动化控制技术的发展现状

现阶段，我国对技术的关注度较高，希望应用一系列的自动化技术将大量的工作任务更好地完成。电气自动化控制系统的开发和利用使得许多工作都得到了更好的处理，一般来讲，在运用电气自动化控制系统以后，工厂可以在无人看管的情况下完成生产、监督、问题处理等，最大限度地减少了劳动力，对企业的发展起到了促进作用。与此同时，企业不应满足于当下取得的成就，必须从长远的角度出发，使得电气自动化的发展更加多元化。

（一）平台开放式发展

随着 OPC（OLE for Process Control，对象链接与嵌入的过程控制）的出现、IEC 61131-3 标准的颁布及 Windows 平台的广泛应用，这些因素与电气自动化控制技术的融合，正日益凸显其在电气自动化领域中的关键作用。目前，世界上有 200 多家 PLC 厂商，有近 400 种 PLC 产品，虽然不同产品的编程语言和表达方式各不相同，但 IEC 61131-3 标准使得各控制系统厂商的产品编程接口标准化，同时定义了它们的语法和语义，这就意味着不会有其他的非标准的语言出现。IEC 61131-3 标准已经成为国际化的标准，被各大控制系统厂商广泛接受。

个人计算机（Personal Computer，以下简称 PC）和网络技术已在企业管理中得到广泛应用。在电气自动化领域，基于 PC 的人机界面已成为主流，基于 PC 的控制系统因其灵活性和易于集成的特点，被越来越多的用户所使用。在控制层，用 Windows 操作系统有很多好处，如易于系统的使用和维护，并且可以与办公平台进行简单的集成等。

（二）现场总线和分布式控制系统的应用

现场总线是一种串行的数字式通信总线，是一种双向传输、分支结构的通信总线，可以连接智能设备和自动化系统。通过一根串行电缆将位于中央控制室内的工业计算机、监视/控制软件和 PLC 的中央处理器（Central Processing Unit，以下简称 CPU）与位于现场的远程 I/O 站、变频器、智能仪表、马达启动器、低压断路器等设备连接起来，并将这些现场设备的大量信息采集到中央控制器上来。分布式控制意味着将 PLC、I/O 模块与现场设备通过总线连接起来，并将输入/输出模块转换为现场检测器和执行器。

（三）IT 技术与电气工业自动化

PC、客户机/服务器体系结构、以太网和互联网技术引发了电气自动化的一次次变革，正是市场的需求驱动着自动化与信息技术（Information Technology，以下简称 IT）的融合，电子商务的普及也将加速这一过程。

信息技术对工业的渗透主要来自两个方面：

一是管理层纵向渗透。企业的业务数据处理系统要对当前生产过程的数据进行实时存取。

二是信息技术横向扩展到自动化的设备、机器和系统中。信息技术已渗透到所有层面，不仅包括传感器和执行器，而且包括控制器和仪表。

互联网技术和多媒体技术在自动化领域也有着良好的应用前景。企业管理层利用标准的浏览器可以存取企业财务数据，进行人事管理，也可以对当前生产过程的动态画面进行监控，在第一时间了解全面、准确的生产信息。

虚拟现实技术和视频处理技术的应用，将对未来的自动化产品，如人机界面和设备维护系统的设计产生深远的影响。信息技术革命的原动力是微电子和微处理器的发展。随着微电子和微处理器技术的普及，原本定义明确的设备界限逐渐变得模糊。相对应的软件结构、通信能力及易于使用和统一的组态环境逐渐变得重要了，软件的重要性也在不断提高。

（四）电气自动化工程中的分散控制系统

分散控制系统是以微处理器为基础的，融合了先进的 CRT 技术、计算机技术和通信技术，是新型的计算机控制系统。在生产过程中，它利用多台计算机来控制各个回路，这个控制系统的技术优势在于能够集中获取数据，并对这些数据进行集中管理和重点监控。当前，计算机技术和信息技术快速发展，分散控制系统变得网络化和多元化，不同型号的分散系统可以同时并入、连接，进行信息数据的交换，然后将不同分散系统的数据经过汇总后再并入互联网，与企业的管理系统连接起来。DCS（Distributed Control System，以下简称为 DCS）的系统控制功能可以分散开，对于不同计算机的系统结构采取的是容错设计，将来即使计算机出现故障或瘫痪，也不会影响整个系统的正常运行。如果采用特定的软件和专用的计算机，将更能提高电气自动化控制系统的稳定性。

四、电气自动化控制技术的发展趋势

电气自动化控制技术的发展趋势是分布式、开放化和信息化。分布式是指能够确保网络中每个智能模块都能独立工作，达到分散系统风险的目的；开放化是指系统结构具有能与外界连接的接口，能实现系统与外界网络的连接；信息化是指使能够综合处理系统信息，与网络技术结合，实现网络自动化和管控一体化。

在开创电气自动化新局面时，要牢牢把握从"中国制造"到"中国创造"的转变。在保持产品价格竞争力的同时，中国企业要寻找一条更为健康的发展道路。企业要不断吸收高新技术的营养，为开创电气自动化的新局面增添动力；要结合本地区、本部门、本行业的客观实际，按照以人为本、全面协调可持续发展的要求，认真寻找差距，总结经验教训，转变发展观念，调整发展思路，使中国的电气自动化进一步实现现代化、国际化和全球化。

（一）不断提高自主创新能力（智能化）

电气自动化控制技术正向智能化方向发展。随着人工智能的出现，电气自动化控制技术有了新的应用。现在，很多生产型企业都已应用电气自动化控制技术，减少了用工人数，但是在自动化生产线运行过程中，还要通过工人来控制生产过程。结合人工智能研发出的电气自动化控制系统，可以再次降低企业对员工数量的需要，提高生产效率，解放劳动力。

在市场中，电气自动化产品占的份额非常大，大部分企业都会选用电气自动化产品，因此生产商想要获得更大的利益，就要对电气自动化产品进行改进，不断进行技术创新。对企业来说，提高对产品的重视程度是非常必要的，更要不断提高企业的创新能力，进行自主研发。做好电气自动化控制系统维护对电气自动化产品生产来说有着极大的意义，这就要求生产型企业做好系统维护工作。

（二）电气自动化企业加大人才需求（专业化）

随着电气行业的发展，中国逐渐提高了对电气行业的重视程度，对电气企业员工综合素质的要求越来越高。企业想让自己的竞争力变强，就应要求员工不断提高技能。因此企业要加强对员工电气自动化专业能力的培养，重点是对专业技术能力的培养，实现员工技能与企业的同步发展。目前，电气行业的人才需求量还有很大的缺口，所以高等院校要加大对电气自动化专业人才的培养力度，以弥补市场上专业型人才的缺口。

在电气自动化控制系统的设计和安装过程中，时常要对技术员工进行培训，以提高技术人员的素质能力，使检修人员的操作技术变得更加成熟。随着技术培训的不断增多，实际操作系统的工作人员的技能水平必将得到很大提高，这会对工作效率的提高和企业的发展起到促进作用。

（三）逐渐统一电气自动化平台（集成化）

电气自动化控制技术除了向智能化方向发展外，还将向高度集成化的方向发展。近年来，各国的科技水平都在迅速提高，使得很多新的科学技术不断与电气自动化控制技术结合，为电气自动化控制技术的创新和发展提供了条件。未来，电气自动化控制技术必将结合更多的科学技术，使电气自动化控制系统的功能更强大，安全性更高，适用范围更广。同时，还可以大大减小设备的占地面积，提高生产效率，降低企业的生产成本。

推进控制系统一致性，标志着控制系统的发展。这个一致性对自动化制造业有着极大的促进作用，可以缩短生产周期，立足于客观现实需要，有助于实现控制系统的独立发展。未来，企业在产品生产的每个阶段都将实行统一化，这样能够大大缩短生产时间，提高生产效率，降低生产成本。为了促进这个统一化发展，企业应根据客户的需求，在进行系统开发时采用统一的代码。

（四）电气自动化控制技术层次的突破（创新化）

虽然中国电气自动化的发展速度较快，但电气自动化控制系统依然处于不成熟的阶段，还存在一些问题，如信息不共享，致使该系统的功能发挥受限。在电气自动化企业中，数据共享需要通过网络来实现，然而我国的网络环境还不完善，不仅如此，共享的数据量很大，若没有网络来支持，当数据库出现问题时，系统就会停止运转。为了避免这种情况的发生，完善网络环境尤为重要。

随着科技的不断进步，电气工程也在迅猛发展，技术环境日益开放，在接口方面，自动化控制系统朝着标准化方向飞速前进。标准化对于企业间的信息沟通有着极大的促进作用，可以方便不同企业进行信息数据的交换活动，能够克服通信方面出现的一些障碍。

此外，科技的快速发展也将带动电气技术的发展，目前，中国电气自动化生产已经取得突破性进展，在某些技术层面处于世界较高水平。

整个技术市场是开放型的，面对越来越残酷的竞争，各个企业逐渐加大了自动化控制系统的创新力度，注重培养创新型人才，自主研发自动化控制系统，并取得了一定成绩。企业在增强自身综合竞争实力的同时，也为电气工程的持续发展提供了技术层面的支撑和智力方面的保障。

第三节 电气自动化控制技术的影响因素

一、电子信息技术发展产生的影响

如今，电子信息技术早已为人们所熟悉，它与电气自动化控制技术发展的关系十分紧密，相应的软件在电气自动化中得到良好的应用，能够让电气自动化控制技术更加安全、可靠。现在是信息时代，要尽可能构建一套完整、有效的信息收集与处理体系，否则就无法跟上时代发展的步伐。因此，电气自动化技术要想取得突破性的进展，就需要人们能够掌握新的信息技术，通过学习将电子技术与各项工作进行有效融合，寻找可持续发展的路径，让电气自动化控制技术拥有更加良好的发展空间。

现代信息技术又称为现代电子信息技术，它是建立在现代电子技术基础上的，主要包括计算机技术、网络技术及通信技术，大体上讲，就是指人类开发和利用信息所使用的一切手段，这些技术手段主要用来处理、存储和显示各种信息，并对其进行利用。现代信息技术是实现信息的获取、处理、传输等功能的技术。信息系统技术主要用于光电子、微电子及分子电子等相关元件的制造，主要用于社会经济生活的各个领域。信息技术对电气自动化的发展具有较大的影响，信息技术的进步又为电气自动化领域的技术创新提供了更加先进的工具基础。

二、物理科学技术发展产生的影响

20 世纪后半叶，物理科学技术的发展对电气工程的发展起到了巨大的推动作用。电气自动化与物理科学的紧密联系和交叉仍然是今后电气自动化发展的关键，并将这种联系拓展到微机电系统、生物系统、光子学系统。电气自动化控制技术的应用属于物理科学技术的范畴，物理科学技术的快速发展将促进电气自动化控制技术的发展及应用，因此要想使得电气自动化控制技术获得更好的发展，政府及企业务必高度关注物理科学技术的发展状况，以免在电气自动化控制技术发展的过程中出现违背物理科学技术发展规律的情况。

三、其他科学技术的进步产生的影响

其他科学技术的不断发展也促进了电子信息技术的快速发展和物理科学技术的不断进步，进而推动了整个电气自动化技术的快速进步。除此之外，现代科学技术的发展以及分析、设计方法的快速更新，势必会推动电气自动化技术的快速发展。

第二章 电气自动化控制系统

第一节 电气自动化控制系统概述

一、电气自动化控制系统的含义

电气自动化控制系统指的是不需要人为参与的一种自动控制系统，可以通过监测、保护仪器设备，实现对电气设施的全方位控制。电气自动化控制系统主要包括供电系统、信号系统、自动与手动寻路系统、保护系统、制动系统等。供电系统为各类机械设备提供动力来源；信号系统主要采集、传输、处理各类信号，为各项控制操作提供依据；自动与手动寻路系统可以借助组合开关，实现自动与手动的切换；保护系统通过熔断器、稳压器，保护相关线路和设备；制动系统可以在发生故障或操作失误时，进行制动操作，以减少损失。

二、电气自动化控制系统的分类

电气自动化控制系统可以从多个角度进行分类：

从系统结构角度进行分类，电气自动化控制系统可以分为闭环控制系统、开环控制系统和复合控制系统。

从系统任务角度进行分类，电气自动化控制系统可以分为随动系统、调节系统和程序控制系统。

从系统模型角度进行分类，电气自动化控制系统可以分为线性控制系统和非线性控制系统，还可以分为时变控制系统和非时变控制系统。

从系统信号角度进行分类，电气自动化控制系统可以分为离散系统和连续系统。

三、电气自动化控制系统的工作原则

电气自动化控制系统在工作的过程中，不是连接单一设备的，而是多个设备相互连接、同时运行，并对整个运行过程进行系统性调控，同时需要应用生产功能较完善的设备进行生产活动控制，并设置相关的控制程序，对设备的运行数据进行显示和分析，从而全面掌握系统的运行状态。

电气自动化控制系统需要遵循的工作原则主要包括以下方面：

一是要具备较强的抗干扰能力。由于该系统是多种设备相互连接、同时运行的，因而不同设备之间会产生干扰，电气自动化控制系统要通过智能分析，提高设备的抗干扰能力。

二是要遵循一定的输入与输出原则。结合工程的实际应用特点及工作设备型号，技术人员需要设置好相关的输入与输出参数，并根据输入数据对输出数据进行转化，通过工作自检排除响应缓慢等问题，并对设定的程序进行漏洞修补，从而实现定时、定量的输入和输出。

四、电气自动化控制系统的应用价值

随着科技的进步和工业的发展，电气自动化生产水平也得到了提高，因此加强系统的自动化控制尤其重要。电气自动化控制系统可以实现生产过程的自动化操控及机械设备的自动控制，从而降低人工操作的难度，进一步提高工作效率，其应用价值主要体现在以下几个方面：

（一）自动控制

电气自动化控制系统的一个主要应用功能就是自动控制。例如，在工业生产中，只需要输入相关的控制参数，就可以实现对生产机械设备的自动控制，以缓解劳动压力。

电气自动化控制系统可以实现对运行线路电源的自动切断，还可以根据生产和制造需要设置运行时间，实现开关的自动控制，避免人工操作出现的各种失误，极大地提高了生产效率。

（二）保护作用

在工业生产的实际操作中，会受到各种复杂因素的影响，如生产环境复杂、设备多样化、供电线路连接不规范等，极易造成设备和电路故障。传统的人工监测和检修难以全面掌控设备的运行状态，存在各种安全隐患。应用电气自动化控制系统，在设备出现运行故障或线路不稳定时，可以通过保护系统安全切断电源，终止运行程序，避免出现安全事故和经济损失，保障电气设备的安全运行。

（三）监控功能

监控功能是电气自动化控制系统应用价值的重要体现，在计算机控制技术和信息技术的支持下，技术人员可以通过报警系统和信号系统，对系统的运行电压、电流、功率进行限定设置，通过报警装置和信号指示灯对整个系统进行实时监控。此外，电气自动化控制系统还可以实现远程监控，通过连接各系统的控制计算机，识别电磁波信号，在远程电子显示器中监控相关设备的运行状态，从而实现对数据的实时监测。

（四）测量功能

传统的数据测量主要通过工作人员的感官进行判断，如眼睛看、耳朵听，从而了解各项工作的相关数据。电气自动化控制系统具有对电气设备电压、电流等参数进行测量的功能，在应用过程中，可以实现对线路和设备的各种参数的自动测量，还可以对各项测量数据进行记录和统计，为后期的各项工作提供可靠的数据参考，方便工作人员的管理。

第二节 电气自动化控制系统的特点

一、电气自动化控制系统的优点

说起电气自动化控制技术，不得不承认，如今经济的快速发展是与电气自动化控制技术的发展有关的。电气自动化控制技术可以完成许多人工无法完成的工作。例如一些工作是需要在特殊环境下完成的，长期在恶劣的环境下工作会对人体健康产生影响，这时候，机器的应用就显得尤为重要。电气自动化的应用可以给企业带来许多便利，可以提高工作效率，减少人为因素造成的损失。

相关调查研究发现，一个完整的变电站综合自动化系统除了在各个控制保护单元中存有紧急手动操作跳闸及合闸的措施之外，其他单元所有的报警、测量、监视及控制功能等都可以由计算机监控系统来进行，变电站不需要另外设置远动设备，计算机监控系统可以实现遥控、遥测、遥调及遥信等功能，满足无人值班的需要。

从电气自动化控制系统的设计角度来说，电气自动化控制系统具有许多优点，其主要优点如下：

一是集中式设计。电气自动化控制系统采用集中式立柜与模块化结构，使得各控制保护功能都可以集中于专门的控制与采集保护柜中，全部的报警、测量、保护及控制等信号都在保护柜中处理为数据信号后，再通过光纤总线输送到主控室的监控计算机中。

二是分布式设计。电气自动化控制系统主要采用分布式开放结构及模块化方式，使得所有的控制保护功能都分布于开关柜中或者尽可能地接近于控制保护单元，全部报警、测量、保护及控制等信号都在本地单元中予以处理，系统将其处理为数据信号之后，再通过光纤的总线输送到主控室的监控计算机中，各个就地控制单元之间互相独立。

三是简单可靠。在电气自动化控制系统中使用多功能继电器代替传统的继电器，能够有效简化二次接线。分布式设计主要是在主控室与开关柜间接线，集中式设计的接线是在主控室与开关柜间接线。由于这两种方式都是在开关柜中接线，施工较为简单，因而使得二次接线能够在开关柜与采集保护柜中完成，其操作较为简单可靠。

四是具有可扩展性。电气自动化控制系统的设计可以考虑电力用户未来对电力提高的要求、变电站规模的扩大及变电站功能的扩充等，具有较强的可扩展性。

五是兼容性较好。电气自动化控制系统主要是由标准化的软件及硬件构成的，配备标准的 I/O 接口与串行通信接口，电力用户能够根据自己的需求予以灵活配置，并且系统中的各种软件也可以与当前计算机的快速发展相适应。

当然，电气自动化控制系统的快速发展与它自身的特点是密切相关的。例如，每个电气自动化控制系统都有其特定的控制系统数据信息，通过软件程序连接每个应用设备，对于不同设备有不同的地址代码，一个操作指令对应一个设备，当发出操作指令时，操作指令会即刻到达所对应设备的地址，这种指令传达较快且准确，既保证了即时性，又保证了准确性。与人工操作相比，这种操作模式发生操作错误的概率会更低，电气自动化控制系统的应用保证了生产操作可以快速、高效完成。除此之外，相对于热机设备来说，电气自动化控制系统的控制对象少、信息量少，操作频率相对较低。同时，为了保护电气自动化控制系统，使其更稳定、数据更精确，系统中连带的电气设备均有较高的自动保护装置，这种装置可降低或消除一般的干扰，且反应迅速，电气自动化控制系统的大多设备有连锁保护装置，这一系列措施能够满足有效控制的要求。

作为一种新兴的工艺和技术，电气自动化可以完成很多人力不能完成的工作，由于环境恶劣而无法解决的问题也能够顺利解决。电气自动化控制技术可以通过控制机器，完成需要在特定环境下完成的工作，在很大程度上节省了人力、物力，同时也能够使工人的健康得到保障，企业也会减少一些损失。显而易见，电气自动化控制技术给企业带来的益处数不胜数。

电气自动化控制系统的特点与它的飞速发展是紧密联系的。例如，每个控制系统都有其自身的数据信息，每台设备都与相应的程序连接，地址代码也会由于设备的不同而有所差异，操作指令发出后会快速地传递到相应的设备当中，及时且准确。电气自动化控制系统的这种操作大大降低了人工造成的误差，并且在一定程度上提高了工作效率。

二、电气自动化控制系统的功能

电气自动化控制系统中的控制回路主要用来确保主回路线路运行的安全性与稳定性。控制回路设备的功能主要包括以下几点：

一是自动控制功能。就电气自动化控制系统而言，当设备出现问题的时候，需要通过开关及时切断电路，从而有效避免安全事故的发生，因此具备自动控制功能的电气操作设备是电气自动化控制系统的必要设备。

二是监视功能。在电气自动化控制系统中，自变量电势是最重要的。机器设备断电与否，一般从外表是不能分辨出来的，这就必须借助传感器中的各项功能，对各项视听信号予以监控，从而实时监控整个系统的各种变化。

三是保护功能。在运行过程中，电气设备经常会发生一些难以预料的故障问题，功率、电压及电流等会超出线路及设备所许可的工作限度与范围，这就需要一套可以对这些故障信号进行监测，并且可以进行自动处理的保护设备，而电气自动化控制系统中的控制回路设备就具备这一功能。

四是测量功能。视听信号只可以对系统中各设备的工作状态予以定性表示，而电气设备的具体工作状况还要通过专业设备对线路的各参数进行测量才能够得出。

电气自动化控制系统给社会生产带来了许多的便利，因此积极探讨与深入研究工业电气自动化的进一步发展，有着十分深远的现实意义。

第三节 电气自动化控制系统的设计

一、电气自动化控制系统设计存在的问题

（一）设备的控制水平比较低

电气自动化设备需要不断完善和更新，电气自动化控制系统的数据也会出现变化，这就要求厂商及时导入新的数据。但在这个过程中，由于设备的控制水平相对来说较低，阻止了新数据的导入，因而需要不断地提高设备的控制水平。

（二）控制水平与系统设计脱节

电气自动化控制水平直接影响着设备的使用寿命及运转功能。如果当前设备控制选

用一次性开发，就可能无法满足企业的后续需求，直接造成控制水平与生产体系规划的脱节，因此企业应当提高设备的控制水平，使其能够满足生产体系规划的需求。

（三）自动化设备维护更重要

电气自动化控制系统大大提高了生产运行的安全性、稳定性，减轻了人力劳动的强度，但在获益的同时，也存在以下问题：

一是由于自动化配件更新速度较快，当一些配件损坏以后，企业找不到合适的配件进行更换。

二是自动化配件的管理体系不健全，配件收购渠道不畅通。

三是缺乏懂得应用电气自动化控制系统的人才，当自动化设备出现问题后，不能进行详细的检查和有效的检修。

二、电气自动化控制系统的作用

企业在进行工业生产时，利用电气自动化控制技术，可以对生产工艺实现自动化控制。新时期的电气自动化控制系统使用的是分布式控制技术，能在工业生产过程中有效地进行集中控制。电气自动化控制技术还可以进行自我保护，当控制系统出现问题时，系统会自动进行检测，分析系统出现故障的原因，确定故障位置，并立刻切断电源，使故障设备无法继续工作，这样可以有效避免由于个别设备出现问题而影响产品质量的情况，从而降低企业的成本和损失。因此，企业利用电气自动化控制技术进行生产，可以提高整个生产工艺的安全性，从某种程度上降低企业成本。

大部分企业应用的电气自动化控制系统都可以实现远程监控，企业可以通过电气自动化控制系统，远程监控生产工艺中不同设备的运行状况。假如某个环节出现故障，控制中心就会以声、光的形式发出警告，可以尽快被相关工作人员察觉，从而避免损失。

目前，企业应用的电气自动化控制系统还可以分析在生产过程中设备的工作情况，将设备实际数据与预设数据进行比较，当某些设备出现异常时，电气自动化控制系统还可以对设备进行调节，因此企业采用电气自动化控制技术，能提高生产线的稳定性。

三、电气自动化控制系统的设计理念

目前，电气自动化控制系统有三种监控方式，分别是远程监控、集中监控和现场总线监控，这三种方式依次可实现远程监测、集中监测和针对现场总线的监测。

集中监控的设计尤为简单，其防护需求相对较低，通过一个触发器就可以实现集中处理，从而便于程序的维护工作，但对于处理器来说，较大的工作量会降低其处理速度，如果全部电气设备都要进行监控，就会降低主机的效率，资金投入也会因电缆数量的增多而有所增加。

还有一些系统会受到长电缆的干扰，如果强制连接断路器，也会无法正确地连接到辅助点，给查找工作带来很大困难，一些无法控制的失误也会产生。

远程监控方式同样有利有弊，电气设备较大的通信量会降低各地通信的速度。它的优点也有很多，如工作组态灵活，节约费用和材料，并且相对来说可靠性更高。但是总体来说，远程监控不能很好地体现电气自动化控制技术的特点。

经过一系列的试验和实地考察，现场总线监控结合了以上两种设计方式的优点，并且对其存在的缺点进行了有效改正，成为最有保障的一种设计方式，电气自动化控制系统的设计理念也随之形成。

电气自动化控制系统的设计理念在设计过程中主要体现为以下几个方面：

第一，在应用电气自动化控制技术进行集中检测时，可以使用一个处理器实现对整个的系统控制，简单灵活的方式极大地方便了系统的运行和维护。

第二，在应用电气自动化控制技术进行远程监测时，可以稳定地采集和传输信号，及时反馈现场的情况，并依据具体情况来修正控制信号。

第三，在应用电气自动化控制技术进行现场总线监测时，可以实现集中控制功能，从而实现高效监控。

从电气自动化控制技术的整体框架来说，在许多实际应用中都可以体现出电气自动化控制系统的设计理念，企业可依据自身情况选择合理的设计方案。

四、电气自动化控制系统的设计流程

在机电一体化产品中，电气自动化控制系统具有非常重要的作用，它相当于人类的大脑，用来对信息进行处理与控制。因此，在设计电气自动化控制系统时，一定要遵循相应的流程。依照控制的相关要求，将电气自动化控制系统的设计方案确定下来，然后将控制算法确定下来，并且选择适当的计算机，制定电气自动化控制系统的总体设计内容，最后设计软件与硬件。

虽然电气自动化控制系统的设计流程较为复杂，但是在设计时一定要从实际出发，综合考虑集中监控方式、远程监控方式和现场总路线监控方式，只有如此，才能够建立符合相关要求的控制系统。

五、电气自动化控制系统的设计方法

相关调查研究发现，在当前电气自动化控制系统中应用的主要设计思想有三种，分别是集中监控方式、远程监控方式及现场总线监控方式，这三种设计思想各有特点，其具体选用，应该根据具体条件而定。

在使用集中监控的自动化控制系统时，中央处理器会分析生产过程中所产生的数据并对其进行处理，可以很好地控制具体的生产设备。不过，由于集中监控的设计方式会将生产设备的所有数据都汇总到中央处理器，中央处理器需要处理、分析很多数据，因而电气自动化控制系统的运行效率较低，出现错误的概率也相对较高。

采用远程监控设计方式设计而成的电气自动化控制系统相对灵活，成本有所降低，还能给企业带来很好的管理效果。远程监控电气自动化控制系统在工作过程中需要传输大量信息，使得现场总线长期处于高负荷状态，因此应用范围较小。

以现场总线监控为基础设计出的监控系统应用了以太网与现场总线技术，既有很强的可维护性，同时更加灵活，应用范围更广。现场总线监控电气自动化控制系统的出现，极大地促进了我国电气自动化控制系统智能化的发展。

生产型企业往往会根据实际需要，在这三种监控设计方式之中选取一种。

（一）集中监控

集中监控方式运行维护便捷，系统设计简单，对控制站防护的要求不高。但此方法的特点是将系统中的各个功能集中到一个处理器中进行处理，处理任务繁重，影响处理速度。此外，电气设备全部进入监控，监控对象的大量增加会导致电缆数量增加、成本加大，长距离电缆引入的干扰也会影响系统的可靠性。同时，隔离刀闸的操作闭锁和断路器的联锁采用硬接线，由于隔离刀闸的辅助接点经常不到位，造成设备无法操作，这种接线方式的二次接线较复杂，查线不方便，增加了维护量，还存在查线或传动过程中由于接线复杂造成误操作的可能。

电气自动化控制系统的设计思想是：一定要把握各环节的优势，并且使其充分发挥出来。与此同时，电气自动化控制系统的设计，一定要与实际生产要求相符合，切实保障电气行业的可持续发展。

（二）远程监控

最早研发的自动化控制系统是远程控制装置，主要采用模拟电路，由电话继电器、电子管等分立元件组成。这一阶段的自动化控制系统不涉及软件，主要由硬件完成数据收集和判断，无法完成自动化控制和远程调节。它们对提高变电站的自动化水平，保证系统安全运行发挥了一定的作用，但是由于这些装置之间独立运行，没有故障诊断能力，运行中出现故障时不能提供告警信息，有时甚至会影响电网的安全。

远程监控方式具有节省安装费用、节约材料、可靠性高、组态灵活等优点。由于各种现场总线的通信速度不是很高，而电厂电气部分的通信量又相对较大，因而这种方式适用于小系统监控，而不适用于全厂的电气自动化控制系统的构建。

（三）现场总线监控

随着社会的发展、科学技术的进步，智能化电气设备有了较快的发展，计算机网络技术已经普遍应用在变电站综合自动化系统中，为网络控制系统在电力企业电气系统中的应用奠定了良好的基础。现场总线及以太网等已经在变电站综合自动化系统中得到了较为广泛的应用，并且积累了较为丰富的运行经验，同时智能化电气设备也取得了一定的发展，这些都为发电厂电气系统中网络控制系统的应用奠定了重要的基础。

在电气自动化控制系统中，现场总线监控方式的应用使得系统设计的针对性更强，由于现场总线存在不同的间隔，其所具备的功能也有所不同，因而能够依照间距情况展开具体的设计。

现场总线监控方式不但具备远程监控方式所具备的一切优点，而且能够大大减少模拟量变送器、I/O 卡件、端子柜及隔离设备的数量，智能设备就地安装并且通过通信线与监控系统实现连接，能够节省大量控制电缆，大大减少了安装维护的工作量及资金投入，进而使得企业的生产成本降低。

除此之外，各装置的功能较为独立，装置间经由网络连接，网络的组态较为灵活，这就使得整个系统具有较高的可靠性，每个装置的故障都只会对其相应的元件造成影响，而不会使系统发生瘫痪。因此，在未来的发电厂计算机监控系统中，现场总线监控的方式必然会得到较为广泛的应用。

第四节 电气自动化控制设备可靠性测试与分析

一、加强电气自动化控制设备可靠性研究的重要意义

伴随着电气自动化水平的提高，控制设备的可靠性问题变得非常突出。电气自动化程度是衡量一个国家电子行业发展水平的重要标志，同时自动化技术又是经济运行必不可少的技术手段。电气自动化具有提高工作的可靠性、提高运行的经济性、保证电能质量、提高劳动生产率、改善劳动条件等作用。

电气自动化控制设备的可靠性对企业的生产有着直接的影响，在实际使用的过程中，专业技术人员必须加强对其可靠性的研究，结合影响因素，采取针对性的措施，不断地强化其可靠性。

（一）可以增加市场份额

随着经济的快速发展，人们对于产品的要求也越来越高，用户不仅要求产品性能好，而且要求产品的可靠性水平高。随着电气自动化控制设备的自动化程度、复杂度越来越高，可靠性技术已成为企业在竞争中获取市场份额的有力工具。

（二）可以提高产品质量

产品质量就是使产品能够实现其价值、满足相应要求的特点。只有产品的可靠性高，发生故障的次数才会少，检修费用也就随之减少，相应的安全性也随之提高。因此，产

品的可靠性是非常重要的，是产品质量的核心，是每个生产厂家追求的目标。

二、提高电气自动化控制设备可靠性的必要性

由于电气自动化控制设备属于现代电气技术的结晶，具有较强的专业性，因此为了确保其能更好地为生产服务，促进生产效率的提高，在实际工作中，电气专业技术人员必须充分认识到提高电气自动化控制设备可靠性的必要性。具体来说，主要体现在以下几个方面：

一是提高电气自动化控制设备的可靠性，能够使生产更加安全、高效。现代企业为了满足消费者的需要，在产品生产的过程中往往需要采用电气自动化控制设备，可以提高生产效率，提高产品的技术含量，因此只有提高其可靠性，才能确保设备始终处于最佳的状态进行生产，从而确保企业的各项任务安全、高效地完成。

二是提高电气自动化控制设备的可靠性，能够使产品的质量提高。产品质量就是企业的生命，企业要想在竞争日益激烈的市场中占有一席之地，就必须在生产过程中注重产品质量的提高，产品质量的提高离不开现代科学技术的支持，尤其是电气自动化控制设备的支持，只有提高其可靠性，才能确保产品的质量，从而在提高产品质量的同时，促进企业核心竞争力的提高。

三是提高电气自动化控制设备的可靠性，有助于降低企业的生产成本。企业经济效益的高低取决于成本控制的好坏，而在企业生产中，如果电气自动化控制设备的可靠性不足，势必会带来检修成本的提高，因此只有加强对电气自动化设备的维护和保管，促进其可靠性的提高，才能更好地实现良好生产和降低成本的目标。

三、影响电气自动化控制设备可靠性的因素

提高电气自动化控制设备的可靠性具有十分重要的意义，为了更好地采取有效措施，促进其可靠性的提高，就必须对影响电气自动化控制设备可靠性的因素有一个全面的认识，具体来说，主要有以下几点：

（一）内在因素

内在因素主要是指电气自动化控制设备本身的元件质量较为低下，因此难以在恶劣的环境下高效运行，也难以抗击电磁波的干扰。这主要是因为一些生产型企业在生产过程中偷工减料，为了降低成本而降低生产工艺的质量，导致电气自动化控制设备元件自身的可靠性和质量下降，加上很多电气自动化控制设备需要在恶劣的环境下运行，就会导致其可靠性降低，而电磁波干扰又难以避免，也会影响其正常运行。

（二）外在因素

外在因素主要是指人为因素，在电气自动化控制设备使用和管理的过程中，一些工作人员没有履行自身的职责，导致电气自动化控制设备长期处于高负荷的运行状态，在电气自动化控制设备出现故障后没有及时进行修复，加上部分操作人员在实际操作中没有按照规范要求进行操作，导致其性能难以高效地发挥。

四、可靠性测试的主要方法

确定一个最合适的电气自动化控制设备可靠性测试方法是非常重要的，是对电气自动化控制设备可靠性做出客观、准确评价的前提条件。国家电控配电设备质量检验检测中心提供了对电气自动化控制设备进行可靠性测试的方法，在实践中比较常用的主要有以下三种：

（一）实验室测试法

实验室测试法是通过可靠性模拟测试，采用符合规定的可控工作条件及环境，对设备运行现场的使用条件进行模拟，以便实现以最接近设备运行现场的环境应力，对设备进行检测，统计时间及失效总数等相关数据，从而得出被检测设备的可靠性指标。用同样的工作条件和环境条件，模拟现场的使用条件，使被测设备在现场使用时与所遇到的环境相同，在这种情况下进行测试，得出累计的时间和失败次数等相关数据，通过数理统计，从而得到可靠性指标，这是一种模拟可靠性测试。

这种测试方法易于控制所得数据，并且得到的数据质量较高，测试结果可以再现、分析。但是受测试条件的限制，其很难与真实情况相对应，测试费用较高，并且这种测试一般都需要较多的试品，所以还要考虑被试产品的生产批量与成本因素。因此，这种测试方法较适用于大批量产品的生产。

（二）现场测试法

现场测试法是指在使用现场对设备进行可靠性测试，记录各种可靠性数据，然后根据数理统计方法，得出设备可靠性指标的一种方法。该方法的优点是测试需要的设备比较少、工作环境真实，通过该测试所得到的数据能够真实反映在实际使用情况下的可靠性、维护性等参数，且需要的直接费用较少，受试设备可以正常工作；不利之处是不能在受控的条件下进行测试、外界影响因素繁杂、有很多不可控因素、试验条件的再现性比实验室的再现性差。

电气自动化控制设备可靠性的现场测试法具体包含以下三种类型：

一是可靠性在线测试，即在受试设备正常运行过程中进行测试。

二是停机测试，即在受试设备停止运行时进行测试。

三是脱机测试，需要从设备运行现场将待检测部件取出，将其安装到专业检测设备中进行可靠性测试。

单纯从测试技术方面进行分析，后两种测试方法相对简单，但如果系统较为复杂，一般只有在设备保持运行状态时，才可以定位出现故障的准确位置，因此只能选择在线测试。在实践中进行现场测试时，具体选择哪种类型的测试，要看故障的具体情况以及是否可以实现立即停机。

电气自动化控制设备可靠性的现场测试法与实验室测试法相比较，不同之处主要体现在以下两点：

第一，在进行电气自动化控制设备可靠性现场测试时，安装及连接待测试设备的难度较大，主要原因是线路板已经被封锁在机箱当中，这就导致测试信号难以引入，即便是在设备外壳处预留了测试插座，仍需要较长的测试信号线。因此，传统的在线仿真器无法适用于此类测试情境。

第二，由于在进行设备可靠性现场测试时，通常不具备实验室的测试设备和仪器，这就对现场测试的手段及方法提出了更高的要求。

（三）保证实验法

所谓保证实验法，就是通常谈到的"烤机"，具体指的是在产品出厂前，在规定的条件下对产品所实施的无故障工作测试。通常情况下，作为研究对象的电气自动化控制设备都有着数量较多的元件，其故障模式的显示方式并非以某几类故障为主，而是具有一定的随机性，并且故障表现形式多样。因此，其故障服从于指数分布，换句话说，其失效率是随着时间的变化而变化的。

产品出厂之前在实验室所进行的"烤机"，从本质上讲，就是测试和检测产品早期失效情况，通过对产品进行不断的改进和完善，确保所出厂产品的失效率均符合相关的指标要求。开展电气自动化可靠性保证实验所花费的时间较长，因此如果产品是大批量生产，这种可靠性检测方法只能应用于产品的样本；如果产品的生产量不大，则可以将此种保证实验法应用在所有产品上。电气自动化设备的可靠性保证实验的主要适用于电路相对复杂、对可靠性要求较高，并且数量不大的电气自动化控制设备。

五、电气自动化控制设备可靠性测试方法的确定

确定电气自动化控制设备可靠性的测试方法，需要对实验场所、实验环境、待测验产品及具体的实验程序等因素，进行全面考察和分析。

（一）实验场地的确定

电气自动化控制设备可靠性测试实验场地的选择，需要结合设备可靠性测试的具体目标来确定。如果待测试的电气自动化控制设备的可靠性高于某一特定指标，就需要选取最为严格的实验场所进行可靠性测试；如果只是测试电气自动化控制设备在正常使用状况下的可靠性，就需要选取最具代表性的工作环境作为开展测试实验的场所；如果进行测试的目的只是为了获取准确的可比性数据资料，在选择实验场所时需要重点考虑与设备实际运行相同或相近的场所。

（二）实验环境的选取

对于电气自动化控制设备而言，不同的产品类型所对应的工况也有所不同。因此，在进行电气自动化控制设备可靠性测试时，应选取非恶劣实验环境，这样被测试的电气自动化控制设备将处于一般应力之下，由此所得到的设备自控可靠性结果会更加客观、准确。

（三）实验产品的选择

在选择电气自动化控制设备可靠性测试实验产品时，要注意挑选具有代表性、典型性特点的产品，所涉及产品的种类比较多，如造纸、化工、矿井及纺织等方面的机械电控设备。从实验产品的规模上进行分析，主要包括大型设备及中小型设备；从实验设备的工作运行状况进行分析，主要可以分为连续运行设备和间断运行设备。

（四）实验程序

开展电气自动化控制设备可靠性测试，需要由专业的现场实验技术人员严格按照统一的实验程序来操作，主要涉及测试实验开始及结束时间、确定适当的时间间隔、收集实验数据、记录并确定自控设备可靠性的相关指标、相应的保障措施及出现意外状况的应对措施等方面的规范。只有严格依据规范进行自控设备可靠性测试，才可以确保通过测试获取的相关数据的可靠性及准确性。

（五）实验组织工作

开展电气自动化控制设备可靠性测试，最为重要的内容就是实验组织工作，必须组建一个高效、合理且严谨的实验组织团队，主要负责确定实施自控设备可靠性测试的主要参与人员，协调相关工作，对实验场所进行管理，组织相关实验活动，收集并整理实验数据，分析实验结果，对实验所得到的数据进行全面、深入的分析，并在此基础上得出实验结论。除此之外，实验组织团队还要负责组织协调实验现场工程师、设备制造工程师及可靠性设计工程师之间的关系与工作。

六、提高控制设备可靠性的对策

要提高电气自动化控制设备的可靠性，必须掌握控制设备的特殊性能，并采用相应的可靠性设计方法，从元件的正确选择与使用、散热防护、气候防护等方面入手，提高设备的可靠性。

从生产的角度来说，设备中的零部件、元件的品种和规格应尽可能少，应该尽量使用由专业厂家生产的通用零部件或产品。在满足产品性能指标的前提下，其精度等级应尽可能低，装配也应简易化，尽量不搞选配和修配，力求减少装配工人的体力消耗，便于厂家自动进行流水生产。

　　电子元件的选用规则：根据电路性能的要求和工作环境的条件，选用合适的元件。元件的技术条件、性能参数、质量等级等均应满足设备工作和环境的要求，并留有足够的余量；对于关键元件，用户要对生产方的质量进行认定，仔细比较同类元件在品种、规格、型号和制造厂商之间的差异，择优选择。要注意统计在使用过程中元件所表现出来的性能与可靠性方面的数据，作为以后选用的依据。

　　潮湿、烟雾、霉菌，以及气压、污染气体等对电子设备的影响很大，其中潮湿是主要的影响因素，特别是在低温、高湿的条件下，空气湿度达到饱和时，会出现机内元件、印制电路板上色和凝露现象，使其性能下降、故障概率上升，因此要对电子设备进行气候防护。

　　在控制设备设计阶段，一是要研究产品与零部件的技术条件，分析产品设计参数，保证产品性能和使用条件，正确制定设计方案。二是要根据产量，设定产品结构形式和产品类型，全面构思、周密设计产品的结构，使产品具有良好的操作检修性能和使用性能，以降低设备的检修费用和使用费用。

　　温度是影响电子设备可靠性的一个重要因素。电子设备在工作时，其功率损失一般都是以热量能的形式散发出来的，尤其是一些耗散功率较大的元件，如电子管、变压管、大功率晶体管、大功率电阻等。另外，当环境温度较高时，设备在工作时产生的热量能难以散发出去，会使设备的温度升高。

　　综上所述，保证电气设备的可靠性是一个复杂的、涉及广泛知识领域的系统工程。只有在设计上对电气设备给予充分的重视，采取各种技术措施，在使用过程中按照流程操作、及时保养，才可能收到满意的效果。

第五节 电气自动化控制系统的应用

一、电气自动化控制系统在工业生产中的应用

改革开放以来，中国的工业迅速发展，并在工业发展过程中逐渐开始使用电气自动化控制系统。在传统工业生产中，企业在人力、物力方面的投入较大，并且经常出现供不应求的局面，这在很大程度上影响了工业的生产效率。从中国工业生产的发展现状来看，传统的机械设备已经逐渐被电气自动化设备所取代，电气自动化设备不仅能够为工业生产节省大量的劳动力，而且能够提高工业生产的效率。由此可见，在工业生产中使用电气自动化控制系统，能够给生产型企业带来很大的经济效益，从而保证生产型企业的稳定发展。

二、电气自动化控制系统在农业生产中的应用

相关调查显示，电气自动化控制系统已经在农业生产中得到广泛应用，在很大程度上加快了农业生产机械化的进程，提高了粮食产量，减少了粮食浪费的情况。与此同时，电气自动化技术提高了农业机械装备的可操作性，例如谷物干燥机和施肥播种机的电气自动化应用技术。另外，还要注意对微灌、喷灌、滴灌设备进行改进，保证部分地区实现自动化灌溉，从而提高粮食产量。

三、电气自动化控制系统在服务行业中的应用

近年来，随着人们物质生活水平的不断提高，人们对服务业的要求越来越高。企业为了提高自身的服务质量，应该重视电气自动化控制技术，更好地为人们提供优质的服务。在日常生活中，电子产品被越来越多的人所使用，在电子产品中也应用了电子自动化控制技术，如手机、电脑、跑步机、电梯等，这些电子产品给人们带来了很大的便利。

再如，在自动取款机上也使用了电气自动化控制技术，有效地提高了银行的服务效率。

四、电气自动化控制系统在电网系统中的应用

目前，电气自动化控制技术被广泛应用到电网系统中。电气自动化控制系统在电网系统中的应用，主要指的是通过计算机网络系统、服务器等，实现电网调度自动化控制。在具体的电网系统中，通过电网的调度自动化控制技术，能够实现对相关数据的采集和整理，从而分析出电网的运行状态，最后对电网系统作出一个整体的评价。总之，在电网系统中使用电气自动化控制技术，顺应了时代发展的步伐，因此相关研究人员应该加大对电气自动化控制技术在电网系统中应用的研究力度。

五、电气自动化控制系统在公路交通中的应用

随着我国交通行业的快速发展，电气自动化控制系统已被广泛应用到公路交通中。人们物质生活水平越来越高，私家车拥有量也越来越多，这就对车辆的技术性能提出了更高的要求。很多汽车厂家都在使用电气自动化控制技术，只有这样，才能保证自身在市场竞争中占有一席之地。除此之外，电子警察、交通信号灯系统也在使用电气自动化控制技术，这给公路交通管理提供了较多的便利。

第三章 电气自动化控制与 PLC 技术

随着科技水平的不断发展和生产工艺的不断完善，人们对电气自动化控制系统的要求越来越高。从传统的手工控制到自动控制甚至到将来的智能控制，都离不开 PLC 技术的贡献。PLC 技术与电气自动化技术的融合应用，使得电气行业蓬勃发展。在当今经济全球化快速发展的趋势下，如何提高生产力，成为国与国之间竞争的关键。因此，必须在生产体系中应用各种先进的技术和资源整合策略，以提高生产效率。

第一节 PLC 概述

PLC 是可编程逻辑控制器的简称，是一种数字运算操作电子系统，它由美国科学家于 20 世纪 60 年代后期首创，专门应用在工业环境中。PLC 采用了可以进行编程的存储器，在此设备内部进行存储并执行一系列操作命令，这些操作命令包括顺序控制、逻辑运算、计数、算术运算和定时等。PLC 还可以通过数字模拟的输出和输入，对各类机械或生产过程进行调控。

目前，PLC 被广泛应用于电气自动化技术中，是电气自动化技术中比较重要的支撑力量。

一、PLC 的产生与发展

随着社会的进步，传统的继电器控制系统已经无法满足时代发展的需要，必须研制出一种新的控制装置取代它，需要生产厂家根据市场的需求制定灵活的应对措施，并且在商品制作上要呈现多品种、小批量、低成本、多规格、高品质的特征。在这种背景下，PLC 应运而生。

1968 年，美国通用汽车公司为达到快速更替汽车款式的目的，试图将继电器控制系统的操作便利、简单易懂、价格便宜等优点与计算机系统的灵活性、通用性及强大的功能等优势结合在一起，制作出一种通用的控制设备，以减少重复设计控制系统，从而缩短生产时间，降低生产成本。该设备可以简化计算机编程方式和程序输入方法，使用"自然语言"编程，即使是不懂计算机的人也能够很快学会并使用这种设备。

1969 年，美国数字设备公司根据美国通用汽车公司的要求，成功研制出世界上第一台 PLC。随后，此项新科技很快在汽车领域推广开来。由于 PLC 具有操作方便、简单易懂、通用灵活、可靠性高、使用寿命长、体积小等特点，因而很快就在美国工业生产领域得到广泛应用。到 1971 年，PLC 已经成功应用于造纸、食品、冶金等领域。此后，微处理器问世，大规模、超大规模集成电路技术的飞速发展和数据通信技术的持续进步促进了 PLC 的迅猛发展。总的来说，PLC 的发展历程可以分为以下四个阶段：

第一个阶段是 1969 年至 1973 年，该时期是 PLC 的初创期。这一时期的 PLC 受限于当时的计算技术和配件条件，主要由小规模集成电路和分立元件构成，此时 PLC 从有触点不可编程的硬接线顺序控制器发展成为小型机的无触点可编程逻辑控制器，与之前的继电器控制系统相比，更加安全、可靠，灵活性更高。这一时期 PLC 的 CPU 是小规模集成电路的组合，以磁芯存储器为存储设备，主要用于计时、逻辑运算、顺序控制、计数。

第二个阶段是 1974 年至 1977 年，该时期是 PLC 的发展期。在这一时期，得益于集成存储器芯片和 8 位单片 CPU 的出现，PLC 得到迅猛发展且日益完善，更趋于实用化和系列化，开始广泛应用于工业生产过程的控制中。这一时期 PLC 的功能有所增加，包括数据的传递和比较、数值运算、模拟量的控制和处理等，提高了系统的稳定性，并且能够进行自我诊断。

第三个阶段是 1978 年至 1983 年，该时期是 PLC 的成熟期。在这一时期，16 位 CPU

开始应用于微型计算机中，英特尔公司也开发出 MCS51 系列单片机，使得 PLC 朝着高速度、大规模、高性能的方向发展。在这一时期，PLC 的结构不仅使用了随机存取存储器、可擦除可编程只读存储器及带电可擦可编程只读存储器等大规模集成电路，而且增加了多种微处理器，极大地提高了 PLC 的处理速度和功能。与此同时，PLC 还增添了三角函数、列表、相关数、浮点运算、脉宽调制变换、平方、查表等功能，初步形成了分布式的可编程逻辑控制器网络系统，具备了远程 I/O 处理功能和通信功能，并且有着标准化和规范化的编程语言。另外，PLC 受到容错技术及自诊断功能快速发展的影响，稳定性得以进一步提高。

第四个阶段是 1984 年以后，该时期是 PLC 的快速发展期。在这一时期，PLC 的规模有所突破，具有高达 896 K 的存储器，并开始逐步应用 32 位 CPU。这时的分布式控制系统是由多台 PLC 与大型电气自动化控制系统共同组成的整体，已经具备了与通用计算机兼容的软件系统。PLC 的编程语言也有了多种形式，如流程图语句表、梯形图、BASIC 语言、机床控制的数控语言等。由于此时 PLC 在人机操作上使用了实时信息的 CRT 替代传统的仪表盘，工作人员操作或者编程 PLC 的过程更为简单、便利。

此外，PLC 的 I/O 模件不仅形成了自配微处理器的智能 I/O 模件，而且增大了 I/O 的点数，从而使其更加满足系统对 A/D、D/A 通信的使用及其他特殊功能模件的要求。与此同时，各大 PLC 生产型企业提高了 I/O 的密集程度，进行了高密度的 I/O 模件的生产，从而减少了系统的成本投入，节省了运行空间。

目前，第一代 PLC 由于其功能太少已经极少使用，而第四代 PLC 是比较复杂、庞大的系统，还未得到全面的应用，如今各个行业普遍使用的是第二代、第三代 PLC。

二、PLC 的性能

（一）国外 PLC 的性能

根据美国国防部可靠性分析中心的调研，世界 PLC 制造商的五个领军企业是 Allen-Bradley 公司、西门子公司、三菱公司、施耐德公司、欧姆龙公司，这五个公司的销售额约占世界销售总额的 2/3。其中，西门子公司生产的 SIMATIC S7-400 系列的 PLC 应用最为广泛，下面以这一系列为例，介绍国外 PLC 的研究现状：

这一系列的 PLC 是匣式封装模块，可以卡在导轨上进行安装，其电气连接是通信总线与 I/O 总线的组合，其模块可以在工作或者加电时更换，可迅速装配维护，修改便利。

总的来说，SIMATIC S7-400 系列 PLC 的重要性能如下：

①超强的扩展功能，S7-400 系列 PLC 中央控制器的连接扩展单元最多可达 21 个。

②在 CPU 上有多点接口，能够同时连接编程设备和操作员接口等。

③CPU 上附加了分散 I/O 的集成功能。

④提供与计算机和其他西门子公司的产品或系统的连接接口。

⑤有高达 4 个 CPU 的系统计算能力。

⑥较高的稳定性、优秀的自我诊断和清除故障能力。

（二）国内 PLC 的性能

当前，我国也对 PLC 进行了研究，已经生产了大量的小型 PLC、部分中型 PLC，并且正在进行较大型 PLC 的研制。我国生产出的 PLC 不仅要满足国内市场的需求，而且要满足出口的需要。

现阶段，我国有 30 多家 PLC 生产厂家，包括杭州通灵自动化系统公司、北京机械工业自动化研究所、苏州电子计算机厂、苏州机床电器厂有限公司、天津市自动化仪表厂、上海香岛机电制造有限公司和江苏嘉华实业有限公司等，但是这些企业在自动化控制市场的份额尚不足 10%。

目前，我国大多数 PLC 产品主要依赖全套引进技术或仿制，这是因为我国的 PLC 发展处于初创期，但为了长远发展，我们必须加强自主研发，提高 PLC 的技术水平，增强我国 PLC 研究的能力。

第二节 PLC 控制系统的安装与调试

一、PLC 的好处

（一）控制流程

PLC 通常使用存储的方式，能够直接连接到输入、输出端。由于控制逻辑只与程序联系，在应该改变控制逻辑时，只需要修改程序就行，不用改变连接，因此 PLC 的控制流程具有较强的灵活性和扩展性。

（二）控制效率

就控制效率而言，继电器通常会结合触点的相应机械操作来进行，但是继电器开启、关闭触点需要几十毫秒，工作效率不高。PLC 是利用程序做出指示来控制效率的，它能够快速操作，需要的时间特别短。另外，PLC 不存在抖动的现象。

（三）可靠性与可维护性

继电器在运作过程中，由于依赖机械触点和大量导线，可能会因电弧效应而对自身造成损害，从而使其使用寿命缩短，且在可靠性和维护性方面表现不佳。但是 PLC 通常使用的是先进的微电子技术，大部分开关操作都是由非接触式半导体电路实现的，具有耗能少、使用年限长、高效性等优点。

（四）逻辑电路的设计与实施

在完成逻辑电路的设计后，可以同步进行现场电路的安装及逻辑设计工作，包括继电器梯形图的设计，调试与修改都比较简单。然后，检查 PLC 能否顺利工作，假如设备不能顺利工作，需要对设备进行检查并处理故障。当故障全部排除以后，PLC 便可以用于实践生产与生活中。

二、安装与调试

（一）布线

PLC 控制柜应分别布置控制线、动力线及 I/O 线，确保三类线路的独立设置。PLC 设备应该与干扰电源相隔一定的距离，不能把高压电气设置在同一个开关柜内，PLC 设备的输入线和输出线也应该不一样，数字量与模拟量应分开安装。当输出信号时，模拟量必须使用屏蔽线。屏蔽层的一端应该与地面相连，接地线的电阻值应低于屏蔽层电阻值的十分之一。此外，为了减少外界信号对 PLC 的影响，应将系统扩展单元、基本单元以及不同模块间的电缆线分别安装，以避免相互干扰。在同一电缆上不能同时布置交流线和直流线，同时，动力线、高压线、输出线的安装也要保持一定的间隔。

（二）安装输入设备

在安装输入设备时，必须与后续的设备调试和维护操作紧密配合，并结合现场的具体情况设置机电一体化设备，以确保满足现场的要求。

（三）I/O 端的接线处理

I/O 端所接的输入线的距离不能超过 32 m，应该使用常开点的形式连接到输入端口，从而确保编制的梯形图与原理图是一样的。输入、输出组件应该安装短路保护设备，如信号隔离器，其使用的是线性光耦的隔离原理，可以把输入、输出端与工作电源分离开，此类形式通常用在电隔离所用的仪器表上。

在转炉炼钢的操作中，氧枪中的氧气压力是通过压力变送器进行检测的，可以把 5～19 mA 的模拟信号通过输入线传递到下一步的信号隔离器中，使用转换方式后，通过隔离器中的输入端传递到下一步的 PLC 模块。假如系统出现短路情况，信号隔离器就可以把隔离短路的线路与 PLC 系统相结合，保护 PLC 系统。假如使用感性负载，必须使用寿命长、防干扰的继电器。安装外部安全电路，如严重故障警报和防护电路等装置，通常是为了避免发生故障。PLC 必须较好地连接地面，以保证 PLC 顺利运行，为了降低不时发生的电压冲击的影响，应将 PLC 的接地线与机器的接电线进行连接，接地线的电阻值必须小于 99 Ω，以满足安全标准。

（四）安全连锁试验及故障检查

在机电一体化设备开始运行时，应初步了解并评估其工作状况，以便检测人员能够有效地判断设备各项功能是否正常。在转炉吹炼过程中，氧枪中水流量的瞬时值不能低于 58 t/h。一旦水流量降至 58 t/h 以下，并且这种情况持续超过 3 秒，PLC 系统将触发响应并自动关闭氧气阀门。随后，氧枪将被提升离开转炉。

除此之外，在检测过程中，如果发现机电一体化设备出现了故障，应该根据具体情况进行细致的检查，并且预估故障造成的损坏情况，全部操作都应该根据正确的规范进行，以避免事故扩大，造成更严重的损失。

第三节 PLC 的通信网络

一、西门子工业网络介绍

随着计算机技术和网络技术的飞速发展，工业自动化水平不断提高，分布式控制系统在工厂自动化和过程自动化中的应用迅速扩展，工业控制网络已经成为现代工业控制系统中不可或缺的组成部分。从计算机、PLC、HMI 到现场驱动器、I/O 设备，工业网络通信技术无处不在。

西门子公司于 1996 年提出全集成自动化技术（Totally Integrated Automation，以下简称为 TIA）。TIA 整合了所有设备和系统，形成一个全面而深入的自动化控制解决方案。其核心理念在于采用统一的配置和编程、统一的数据管理和统一的通信协议。TIA 将全集成自动化体系结构划分为四个层次，即管理层、运行层、控制层和现场层。

SIMATIC NET 是西门子工业通信网络解决方案的统称，可分为以下两种网络类型：

一是符合国际标准的通信网络类型。这类网络性能优异，功能强大，但应用复杂，软硬件投资成本较高。

二是西门子专有的通信网络类型。这类网络开发应用方便，软硬件投资成本较低，但与国际标准通信网络类型相比，其性能表现略显不足。

二、实验室网络介绍

314C-2PN/DP 控制器集成了 PROFINET（2 个交换机端口）和 MPI/DP（MPI/DP 复用一个 RS485 端口）网络接口，配备了 PC Adapter（MPI/USB）下载器，可通过计算机的 USB 端口将程序下载至 MPI 通道。

除了 PLC 外，控制屏的网络设备还包括触摸屏和变频器。这些设备通过一台交换机以 PROFINET 网络的形式相互连接。此外，基于实验室网络柜中的交换机，所有控制屏得以组网连接，因此，每台设备都需要配置一个独立且唯一的以太网 IP 地址。

第四章 电气安全组织管理

保证电气安全的措施主要有组织管理措施和工程技术措施两种，所以说电气安全工作是一项综合性工作。工程技术措施与组织管理措施之间存在着紧密的联系。经验表明，即便拥有完善且先进的工程技术措施，若缺乏相应的组织管理措施，事故的发生仍然难以避免。相反，若仅有组织管理措施而无完善的工程技术措施，这些措施也仅能停留在理论层面。因此，必须同等重视工程技术措施与组织管理措施，以确保电气系统、设备以及人身安全得到保障。

第一节 电气安全组织管理措施

一、管理机构和人员

电气安全管理机构作为单位安全委员会（或安全领导小组）的一个分支，主要负责执行安全组织管理任务以及组织实施安全技术措施。具体如下：

一是有计划地组织人员学习相关法律法规和条例等。

二是经常组织从事电气工作的人员，进行电气安全技术的培训。

三是有计划、有针对性地组织电气安全检查，及时发现和消除安全隐患。

四是全力配合单位的安全工作，保证安全技术措施的全面实施。

从事电气安全的人员就是电工，其主要职责是对管辖区域内的电气设备、线路、电器元件的安全运行负责，具体如下：

一是严格遵守相关安全法律、法规和制度，不得违章操作。

二是做好所管辖区域内的巡视、检查，发现并及时消除安全隐患。

三是认真填写工作记录和交接班记录。

四是积极参加电气安全管理机构组织的学习和培训。

二、规章制度

企业在经营过程中首先需要遵循国家、相关主管部门以及所在地区的法律法规和标准规范。其次，企业还应遵循行业内的标准、规程和规范，并根据自身情况制定相应的制度、规程和操作细则。合理的规章制度是保证安全、促进生产的有效手段。企业中主要的规章制度包括岗位责任制，交接班制度，值班制度，保卫制度，巡视检查制度，试验切换制度，缺陷管理制度，运行分析制度，技术培训制度，电气设备、线路运行和操作规程，设备检修制度，设备分析制度，临时线路安装审批制度，安全责任制，电气设备及线路安全、试验和质量标准，设备交接验收制度，安全措施编制和实施制度，安全施工检查制度，作业许可制度，作业监护制度，作业间断制度，作业转移制度，作业验收制度，作业终结制度，查活及交底制度，送电制度，调度管理制度，事故处理制度，及其他有关安全用电及电气作业的制度。

上述管理制度要根据本单位的实际情况来制定。对于重要设备，应建立专人管理负责制。

对于控制范围较广或控制回路多元化的开关设备，以及比较容易发生事故的临时线路和临时性设备，都应建立专人管理责任制。

三、安全检查

电气安全检查主要包括设备检查和管理措施检查两个方面。

（一）设备检查

设备检查的主要内容如下：电气设备的绝缘电阻是否老化，接地电阻是否符合要求；各种指示灯、信号装置指示是否正确；电气设备裸露带电部分是否有防护，屏护装置是否符合安全要求；安全间距是否足够；保护接地或保护接零是否正确、可靠；充油设备是否滴油、漏油；保护装置是否符合安全要求；携带式照明灯和局部照明灯是否采用了安全电压或其他安全措施；安全用具和防火器材是否齐全；安全标志是否完好、齐全且安装正确；电气连接部位是否完好；熔断器熔体的选用及其他过流保护的整定值是否正确等。

（二）管理措施检查

管理措施检查的内容如下：电气安全生产管理方面是否有漏洞；安全生产规章制度是否健全及其执行情况；各级负责人及安全管理人员对电气安全管理制度和相关的电气安全技术专业知识的掌握情况。

四、安全教育

安全教育的目的是使从事电气安全的工作人员树立"人人要安全，安全为人人"的大安全意识。提高安全意识，是事故预防与控制的重要手段之一。所谓的安全教育，实际上包含安全培训和安全教育两大部分。

首先，要对工作人员进行电工技能培训，让工作人员懂得用电的基本知识，掌握安全用电的基本方法，目的是使工作人员掌握在某种特定的作业条件或环境下正确、安全地完成任务的能力，因此也称生产领域的安全培训为安全生产教育。

其次，要对工作人员进行安全教育，工作人员要不断学习和掌握企业中与电气安全技术相关的制度、规程和实施细则，做到不违规操作。例如，对于新入厂的工作人员，应接受厂、车间、生产班组三级的安全教育；对于普通职工，应懂得安全用电的一般知识；对于使用电气设备的生产工人，除了应懂得一般性知识外，还应懂得与安全用电相关的安全规程；对于独立工作的电气专业工作人员，更应懂得电气装置在安装、使用维护、检修过程中的安全要求，应当熟知电气安全操作规程及其他相关的规程，应当学会触电急救和电气灭火的方法，并通过培训和考试，取得操作合格证。

五、安全资料

（一）原则

企业必须建立较完善的电气安全档案，它是做好电气安全工作的重要依据，要设置专人管理电气安全档案。

电气安全档案要编写详细的目录并分档存放，以便于查阅。要逐步实现安全档案的标准化、规范化、现代化管理。例如，对于重要的设备应单独建立资料档案，每次的检修记录应作为资料保存，设备事故和人身事故的记录也应作为资料保存。

电气安全档案管理人员要及时从以往的档案中总结出规律，运用科学的方法进行统计分析，并得出适合解决一般问题的普遍规律；应当注意搜集各种安全标准、规范和法规；除此之外，还应当注意搜集国内外电气安全信息并予以分类，作为资料保存。

（二）内容

电气安全档案记录的内容如下：

①安全生产管理委员会或安全生产领导小组人员名单及变动记录。

②安全机构设置情况及专职、兼职安全员名单。

③特种作业人员操作资格证件及人员名单。

④特种设备清单及有关档案资料。

⑤作业环境监测资料（地压监测、边坡监测、岩石移动观测、涌水量观测、洪水量观测、粉尘浓度监测、风速及风量监测、噪声测定等）。

⑥职工健康档案及健康监护资料。

⑦职业病人档案及监护资料。

⑧安全生产检查记录及整改情况。

⑨安全例会及安全日、月活动记录。

⑩职工代表大会关于安全生产的提案及整改落实情况。

⑪安全生产事故记录和统计资料。

⑫职工伤亡事故登记表等有关伤亡事故管理的档案资料。

⑬安全生产管理制度、岗位技术操作规程及作业安全规程，汇编成册。

⑭安全措施费用的提取和使用情况。

⑮安全教育培训记录。

⑯事故应急救援预案，事故应急救援演练及实施记录。

⑰其他有关安全生产情况的记录。

第二节 电气作业安全组织措施

一、带电作业

（一）定义

带电作业是指在电力系统持续运行的状态下，对电力线路和设备进行维护和检修的一种作业方式。它是防止因检修导致的停电，确保供电连续性的重要手段。只要选用适当的工具，遵循正确的操作程序，并采取必要的安全防护措施，带电作业便能有效地保障作业人员的安全。

带电作业的主要项目如下：带电更换线路杆塔绝缘子，清扫和更换绝缘子，水冲洗绝缘子，压接修补导线和架空地线，检测不良绝缘子，测试更换隔离开关和避雷器，测试变压器温升及介质损耗值，检修断路器，滤油及加油，清刷导线及避雷线并涂防腐油脂等。

（二）分类

根据人体所处位置，带电作业可分为等电位作业、地电位作业和中间电位作业。

等电位作业是指人体直接接触高压带电部分进行作业。处在高压电场中的人体，会有危险电流流过，危及人身安全，因此所有进入高压电场的工作人员，都应穿着全套屏蔽服，包括衣裤、鞋袜、帽子和手套等。全套屏蔽服的各部件之间必须连接良好，最远端之间的电阻值不能大于 $20\,\Omega$，应使人体外表形成等电位。

地电位作业是指人体处于接地的杆塔或构架上，通过绝缘工具进行带电作业的作业方式，因而又称绝缘工具法。在进行带电作业时，工人必须确保使用符合相应电压等级要求的绝缘工具，并保持工具的最小绝缘长度。在设定安全距离和绝缘长度时，应综合考虑系统操作产生的过电压以及来自远处的雷击所引起的雷电过电压。

中间电位作业是指人体通过绝缘棒等工具进入高压电场中某一区域，但还未直接接触高压带电体进行作业，它处于前两种作业的中间状况。因此，在进行中间电位作业时，必须考虑前两种作业的基本安全要求。

在人员素质方面，所有带电作业工人均应经过培训并通过考核。在进行带电作业时，应加强对绝缘工具的现场检查和对带电作业人员的地面监护，监护人员要由有实际带电工作经验的人员担任。

（三）条件

以下规定适用于在海拔不超过 1 000 m 的地区，对交流 10～500 kV 的高压架空电力线路、变电站（发电厂）的电气设备进行的等电位、中间电位和地电位带电作业，以及低压带电作业。

带电作业应在良好天气情况下进行，如遇雷、雨、雪、雾等天气，不得进行带电作业；当风力大于 5 级时，一般不进行带电作业。

当必须在恶劣天气进行带电抢修时，应组织有关人员充分讨论并采取必要的安全措施，经主管生产领导（总工程师）批准后，方可进行。

对于比较复杂、难以做到安全可靠的带电作业，应制定操作工艺方案和安全措施，并经主管生产领导（总工程师）批准后，才能对带电作业新项目和研制的新工具进行科学试验。

带电作业工作票签发人和工作负责人应具有带电作业实践经验，工作票签发人必须经领导批准，工作负责人也可经工区领导批准。

带电作业必须设专人监护。监护人员应由有带电作业实践经验的人员担任；监护人员不得直接操作；监护的范围不得超过一个作业点；对于复杂的、高杆塔上的作业，应增设（塔上）监护人员。

当带电作业工作票签发人和工作负责人对带电作业现场情况不熟悉时，应组织有经验的人员到现场查勘，根据查勘结果做出能否进行带电作业的判断，并确定作业方法、所需工具及应采取的措施。

带电作业负责人在带电作业工作开始之前应与调度联系，在工作结束之后应向调度汇报。

在进行带电作业时，若出现以下任一情况，应停用重合闸，并不得强送电：

①中性点有效接地的系统中有可能引起单相接地的作业。

②中性点非有效接地的系统中有可能引起相间短路的作业。

③工作票签发人或工作负责人认为需要停用重合闸的作业。

④严禁约时停用或恢复重合闸。

在带电作业过程中，若设备突然停电，作业人员应视设备仍然带电。工作负责人应尽快与调度联系，在调度未与工作负责人取得联系前，不得强送电。

（四）带电作业工具的保管与试验

应将带电作业工具置于通风良好、备有红外线灯泡或恒温设施的清洁干燥的专用房间内存放。在运输过程中，应将带电作业工具装在专用的工具袋、工具箱和工具车内，以防受潮和损伤。在使用带电作业工具前，要进行认真、仔细的检查，绝缘工具必须完好无损，必须用 2 500 V 的绝缘摇表或绝缘检测仪进行分段绝缘检测，电阻值应不低于 700 MΩ。在操作绝缘工具时，应佩戴清洁、干燥的手套，并应防止绝缘工具在使用中出现脏污和受潮的情况。

对于带电作业工具，应定期进行电气试验，预防性试验每年一次，检查性试验每年一次，两次试验间隔半年。绝缘工具的电气试验项目及标准操作冲击试验宜采用 250/2 500 μs 的标准波，以无一次击穿、闪络为合格。工频耐压试验以无击穿、无闪络及过热为合格。高压电极应使用直径不小于 30 mm 的金属管，被试品应垂直悬挂。接地极的对地距离为 1.0～1.2 m。在接地极及接高压电极处（当无金属时），以 50 mm 宽金属箔缠绕。试品间距应不小于 500 mm，单导线两侧均压球直径应不小于 200 mm，均压球距试品应不小于 1.5 m。对于试品，应整根进行试验，不得分段进行。机械试验分静荷重试验和动荷重试验，静荷重试验为 2.5 倍允许工作负荷下实际操作持续 5 min，工具无变形及损伤为合格；动荷重试验为 1.5 倍允许工作负荷下实际操作 3 次，工具灵活、轻便、无卡住现象为合格。

二、检修作业

在电力系统中，检修工作大部分是在停电后进行的，所以检修作业也称为停电作业。检修作业要求凡是参与电气线路与电气设备检修的作业人员，均不得在作业前饮酒；对于身体患有疾病（如发高烧、呕吐）、思维混乱、情绪不良、状态疲惫的人员，均不得参与检修作业。

（一）一般原则

第一，在作业时，检修人员必须带好规定的防护用品，一般情况下不允许带电作业。

第二，不准私自检修不了解内部原理的设备及装置，不准私自检修厂家禁修的安全保护装置，不准从事超越自身技术水平且无指导人员在场的电气检修作业。

第三，电工在作业时，必须穿戴合格的劳保用品（绝缘鞋、安全帽等安全防护用具），禁止使用破损、失效的劳保用品、用具。

第四，不准随意变更检修方案。

第五，断电作业需验电后方视为断电，否则一律视为有电；对于电容性设备，还应进行放电处理，否则不准触及。对于与供配电网络相联系的部分，除了进行断电、放电、验电以外，还应挂接临时接地线，以防止突然来电。

第六，不准酒后或有过激行为之后进行检修作业。

第七，电工应掌握电气安全知识，了解责任区域内的电气设备性能，熟悉触电急救方法和事故紧急处理措施。

第八，电气检修人员必须通过专业安全技术培训考核，在获得有效的操作证后，才可以上岗作业。

第九，供配电回路停送电作业必须按规定程序进行。

第十，对于动力配电箱的闸刀开关，禁止带负荷拉开或合闸，必须先将用电设备箱开关切断方能操作。

第十一，各种电气接线的接头应保证导通接触面积应不低于导线截面积，接头不应松动，防止因接触不良引发事故。

第十二，使用电动工具时应遵守有关电动工具的相关使用规定。

第十三，在供电设备、配电设备和线路上作业或在高处作业时，必须设专人监护。

不准在本单位不能控制的线路及设备上工作。

第十四，当遇到紧急情况需要拉开带负荷的动力配电箱闸刀开关时，应采用绝缘工具，佩戴绝缘手套和防护眼镜，或采取其他防止电弧烧伤和触电的措施。

第十五，对于施工现场所属的各类电动机，每年必须清扫、注油或检修一次；对于变压器、电焊机，每半年必须清扫或检修一次；对于一般低压电器开关等，每半年检修一次。

第十六，当相关工作结束后，应认真做好交接班记录。

（二）具体步骤

检修作业分为全部停电和部分停电两种。所谓全部停电，是指室内高压设备全部停电（包括架空线路与电缆引入线在内），并且通至邻接高压室的门全部闭锁，以及室外高压设备全部停电（包括架空线路与电缆引入线在内）。所谓部分停电，是指高压设备部分停电或室内全部停电，而通至邻接高压室的门并未全部闭锁。无论是哪种停电，都应该遵照工作票、操作票的要求进行。其具体步骤主要包括检修作业前的安全措施、检修作业中的安全保证和检修作业完毕的安全恢复与检查等。

1.检修作业前的安全措施

在对全部或部分电气线路、设备进行检修作业时，必须采取停电、放电、验电、装设接地线、悬挂警示标志等安全措施。

（1）停电

当电气线路或设备停电时，必须由具有进网操作资格的人员填写操作票，并按规程规定的操作步骤分步操作，禁止无证人员进网操作。停电操作必须做到明确停电线路和设备、明确变压器运行方式、明确设备操作顺序等，否则不得进网作业。

（2）放电

放电的目的是消除检修设备上的残存电荷，以确保检修人员的安全，所以必须严格、认真地执行。应采用专用的导线放电，一般都使用绝缘棒操作，人体不得与放电导体相接触。线与线之间、线与地之间均应放电，电缆与电容器的残存电荷较多，要特别注意，一定要将残余电荷放干净。

（3）验电

用电压等级合适的验电器在已知电压等级相当且有电的线路上进行试验，首先要确认验电器的外观是否损坏，再在带电设备上进行试验，待确认验电器完好后方可使用。在验电时，不要用验电器直接触及设备的带电部分，而应逐渐靠近带电体，至灯亮或语音提示为止，应注意不要让验电器受邻近带电体的影响。在验电时，必须三相逐一验电。

（4）装设接地线

当验明被检修线路或设备已断电后，应随即将待修线路或设备的供电出、入口全部短路接地。在装设接地线时，要注意防止"四个伤害"，即防止感生电压的伤害、防止断电气残余电荷的伤害、防止旁路电源的伤害、防止回送电源的伤害。在装设接地线时，必须做到"四个不可"，即顺序不可颠倒、措施不可省略、线规不可减小、地点不可变更等。对于临时地线，应用多股软铜线制成，其面积不低于 25 mm²，不得使用铝线作为临时地线。在开关柜间隔内悬挂临时地线后，应装设"已接地"标志牌。凡带有电容器的设备，在未放电前，不允许装设接地线。

（5）悬挂标志牌和装设护栏

在进行部分停电作业时，应使用护栏将带电部分隔离起来，使工作人员与带电体之间保持一定的距离。用于警示的标志牌应使用不导电材料制作，如木板、胶木板、塑料板等。各种标志牌的规格要统一，标志牌要做到"四个必挂"，即在一经合闸即可得电的待修线路或设备的电源开关和刀闸的操作把手上，必须悬挂"有人工作、禁止合闸"的标志牌；在室外构架上，必须在邻近带电部分的合适位置上悬挂"止步，高压危险！"的标志牌；在工作人员上下用的铁架或梯子上，必须悬挂"从此上下"的标志牌；在可能误登危及人身安全的构架上，必须悬挂"禁止攀登，高压危险！"的标志牌。要做到标志牌谁挂谁摘除，或由指定人员摘除，不能挂而不摘或乱挂乱摘。其他人员不得变更或摘除标志牌，否则可能造成严重后果。

装设的护栏通常由网孔金属板、金属线编织网、铁栅条等制成。护栏下部距地面一般为 0.1 m，其高度一般为 2 m，宽度或形状可根据实际需要制作。移动式护栏应该做得小一些，以便于搬运；固定式防护栏应该做得大一些，以便节省材料。

任何带电裸导体若存在与人体直接或间接接触的可能性，并且接触点之间的距离小于规定的线路或设备不停电时的安全距离，必须安装防护栏。无论护栏是长期设置，还是临时设置，是固定设置，还是移动设置，均须在护栏上悬挂"止步，高压危险！"的标志牌。非护栏设置人员未经许可，不得擅自拆除护栏。

2.检修作业中的安全保证

在电气线路或电气设备检修作业的过程中，必须做到以下方面：

（1）保证安全距离

在进行 10 kV 及以下电气线路检修时，操作人员及其所携带的工具与带电体之间的距离应不小于 1 m。

（2）清理作业现场

在进行线路检修或设备检修时，应先清理检修现场妨碍作业的障碍物，以利于检修人员的现场操作和进出活动。

（3）防止外来侵害

若检修现场情况十分复杂，在检修作业前，应巡视一下周围，看有无可能出现外来侵害，例如带电线路的有效安全距离如何等。如果存在外来侵害，应在检修前做好安全防护。

（4）集中精力

在检修作业中，不做与检修作业无关的事，不谈论与检修作业无关的话题，特别是在进行紧急抢修作业时，更应如此。

（5）谨慎登高

如果检修人员在高处作业，其使用的脚手架要牢固、可靠，并且人员要站稳。在 2 m 以上的脚手架上进行检修作业时，要使用安全带及其他保护措施。

（6）有防火措施

在检修过程中需要用火时，要检查一下动火现场有无禁火标志、有无可燃气体或燃油类。当确认没有火灾隐患时，方能动火。如果用火时间较长、温度较高、范围较大，还应先准备好灭火器具，以防不测。

（7）群体作业互防伤害

如果确需多人共同作业，要预先分析一下可能发生危险的位置和方向，并采取相应的对策后再进行作业。在多人进行作业时，相互间要保持一定的距离，以防止碰伤。如果作业人员手中持有利器进行作业，其受力方向应引向体外，并且在作业前看一下周围，提醒他人不得靠近。

（8）及时请示汇报

如果供电线路检修内容多或遇到的难题超出常规预料，不能在规定的时间内恢复供电，应提前向有关方面通报，以便采取相应的措施。

3.检修作业完毕的安全恢复

在检修工作结束后，检修负责人应组织人员清扫工作现场、清点工具、清点人数，然后进行自验收，在验收合格后，人员、工具方可撤出现场，把工作票交给值班负责人。当值班负责人收到工作票以后，会同检修负责人再次仔细检查现场、验收设备，确认无问题后，会同检修负责人在验收单上签字，然后方可拆除遮拦和临时接地线并进行送电。在进行送电操作时，应遵循与挂设临时地线及停电操作相反的顺序。完成送电后，必须移除所有在停电期间悬挂的标志牌，以确保检修现场恢复至停电前的状态。

以上内容紧密相连，构成一条安全链，其中任何一个环节失控，都可能导致事故的发生。因此，对于每个环节、每个步骤，都要认真对待，以确保电气线路和设备检修万无一失。

三、电气线路作业

（一）检修架空线时的安全要求

对于架空线及线杆，在检修之前，必须由带班班长或负责人全面检查，确认无缺陷、不危及人身安全和作业安全后，方可进行作业。

对于架空线路登高作业，必须按照登高作业规定进行登高作业；对于登杆器具，要有专人认真检查是否完好、可靠，上下传递物品要用小绳，杆下应设监护人员，严禁非工作人员进入作业区，监护人员必须戴安全帽，并要保持一定的距离，避免操作人员掉下物品或工具而导致伤亡事故。

在高低压同杆线路上作业时，在一条线路带电的情况下，由车间采取安全措施，报主管厂长批准后，才能进行作业。

对于两条或两条以上的同杆低压线路，在因停电影响重要岗位生产的情况下进行抢修时，必须由动力车间主任在现场进行监护，才能进行此项作业。

架空导线最小截面积（铝导线）应不小于 $16\ mm^2$，架空导线最大垂度最低点与地面的距离应不小于 7 m，高低压之间的距离应不小于 1.2 m。

每季至少进行一次线路巡视，每年登杆检查一次（包括擦拭瓷瓶，巡视检查单位要有记录，以备查），其导线的弧度与线间平行度应符合规定。

当出现五级以上大风时，严禁在架空线上作业。

（二）检修电缆时的安全要求

在进行电缆的移动、拆除、改装或更换接头时，必须先行停电并进行接地，确认无电后方可工作。

在检查电缆时，不得接触铠装光缆和移动电缆，以防感应触电。

在检修故障电缆时，先用接地的带木柄的螺丝刀钻入电缆的导体，使导体接地放电，工作人员站在绝缘台上并戴绝缘手套，方可工作。

当切断电缆时，所用的电缆切割锯应接地，工作人员站在绝缘台上，手戴绝缘手套，方可切割电缆。

在挖掘电缆时，当挖到保护板处，应设专人监视、指导，方可继续深挖。

对于挖出的电缆接头，如下面需悬空，应加悬吊保护，吊点水平距离为 1～1.5 m。

检修人员在进入电缆入孔井工作之前，应等井中浊气排出之后，方可进入井中；在井内工作时，应戴安全帽，并在井口设有专人看守，防止物体落入井中伤人。

检修人员在将水底电缆提起放在船上时，应保持船身平稳，并应备有救生圈。

第五章 电气安全应用管理

第一节 特殊环境电气安全

特殊环境是指影响电气设备安全运行的环境，如潮湿环境、高温环境、易化学腐蚀环境、狭窄导电场所等。这些特殊环境会影响甚至降低电气设备及线路的绝缘性能，增加人员触电的危险性。在这类环境中，一般的电气安全措施已不适用，应根据环境的特殊性，提高防护要求或补充安全措施。

在特殊用电环境中，在选择电气设备、布线方式时，都必须符合环境要求并采取相应的措施，以减少或避免上述不良影响和危害。

一、潮湿环境

潮湿环境包括水汽较多的铸造车间、水泵间、制冷站、人防工地、洗车场、锅炉间等，其一般电气安全要求如下：应选用密闭式或与潮湿程度及要求相适应的电气设备；导线应选用有保护层的绝缘导线，布线方式采用暗管敷设的方式且管口有密封措施，如使用密封胶泥密封；在潮湿环境中，应使用 II 类或 I 类工具，如果使用 I 类工具，应装设额定漏电动作电流不大于 30 mA、动作时间不大于 0.1 s 的漏电保护电器。

在常见的高湿度环境，如浴室、室内外游泳池等场所使用的电气设备，由于人体电阻的降低和接触电位的增加，显著提升了电击事故的风险。

因此，在特别潮湿的环境中，对电气设备及线路的防护等级要求特别高。

（一）浴室

浴室是电击事故多发的潮湿场所，被国际电工委员会列为电击危险较大的特殊场所。从以往事故的调查结果来看，大多数"肇事"热水器均被检测为合格产品，而事故的主要原因是用电环境的不规范性，如自建的住宅或房屋布线不符合相关标准要求、接地不良、淋浴间的电源开关和插座没有防水装置等，这些都是环境所致的漏电隐患。

国际电工委员会（International Electrotechnical Commission，以下简称为 IEC）按照电击的危险程度，将浴室划分为以下 4 个区域：

0 区：浴盆或淋浴盆内部。

1 区：围绕浴盆或淋浴盆外边缘的垂直面内，或距淋浴喷嘴 0.6 m 的垂直面内，其高度止于离地面 2.25 m 处。

2 区：1 区至离 1 区 0.6 m 的平行垂直面内，其高度止于离地面 2.25 m 处。

3 区：2 区至离 2 区 2.4 m 的平行垂直面内，其高度止于离地面 2.25 m 处。

按照 IEC 的标准，在 0 区、1 区、2 区内不得设置电源插座和开关，而对于必须使用电气设备和线路的位置，IEC 则规定了各分区的防水等级要求，即 0 区为 IPX7 级、1 区为 IPX5 级、2 区为 IPX4 级（公共浴室为 IPX5 级）、3 区为 IPX1 级（公共浴室为 IPX5 级）。

在进行浴室局部等电位连接的配置过程中，若浴室内存在电位差，即便其数值仅为十几伏，也可能引发致命的电击事故。因此，浴室内的金属管道及构件常作为电位传导的介质。针对由浴室外部传导而来的电位所导致的电击事故，有效的预防措施是实施局部等电位连接。具体而言，就是在浴室的特定区域内，通过导体将各种金属管道和构件相互连接。若浴室内部设有 PE 线，则必须确保其与金属部分的连接，以实现浴室内主要金属构件间电位的一致性。

在浴室环境中，实施局部等电位连接措施，具体操作为在距离地面 300～400 mm 的墙体上安装嵌入式铜质等电位连接端子板箱。该端子板箱内设有多个接线端子，并在箱体表面配备可上锁或需借助工具开启的防护门。对于需连接的管道构件，应采用卡子、抱箍或焊接等方法，将截面积不小于 4mm^2 的黄绿双色铜芯绝缘导线，通过暗敷或明敷的方式引至端子板上。

针对浴室内的线路敷设，当采用明敷或在埋设深度小于 50 mm 的墙体中进行暗敷时，应确保线路具备双重绝缘特性。这意味着应使用非金属护套电缆或穿有绝缘套管的电线，以提升线路的绝缘性能，并防止因金属护套或套管引入不同电压而产生的安全隐患。此外，在 0 区、1 区及 2 区内，应严格禁止与该区域用电无关的线路进入，并且在这些区域不得设置线路接线盒。

（二）游泳池

游泳池具有与浴室类似的电击危险性。按电击危险程度，IEC 将游泳池不同使用部位划分为 3 个区。

游泳池各区内的电气设备应至少具备以下防水等级：0 区为 IPX8 级；1 区为 IPX5，若为室内游泳池，在清洗时不使用水喷头，则可降为 IPX4 级；2 区室内游泳池为 IPX2 级，室外游泳池为 IPX4 级，在使用水喷头进行清洗时，提高为 IPX5 级。

游泳池的电击防护措施与浴室相似。在 0 区、1 区及 2 区，所有设备的外导电部分及 PE 线应通过等电位连接端子板实现相互连接，并执行局部等电位连接。在 0 区、1 区及 2 区内的电气线路，应避免存在人体可接触的金属外护层。对于那些人体无法触及的金属外护层，必须与游泳池的局部等电位连接系统进行连接。电气线路推荐采用绝缘套管进行敷设。在 0 区和 1 区内，禁止安装插座和开关。在 2 区内，允许安装由 SELV 回路供电的、电压不超过 50 V 的插座。但应注意，在 0 区和 1 区内，若人员处于水中，仅允许使用电压不超过 12 V 的设备。SELV 回路的隔离降压变压器应设置在 0 区、1 区及 2 区之外。在 2 区内，也可安装变比为 1∶1 的隔离变压器供电的插座，但每个变压器或变压器的二次绕组仅限为一个插座（即一台设备）供电。隔离变压器应安装在 0 区、1 区及 2 区之外。

二、高温环境

按照国际标准设计和制造的电气设备，其运行时的环境温度的下限不应低于-20℃，上限不应高于 40℃，而在高温环境中运行的电气设备，外界的高温和自身产生的热量，极易导致电器线圈、引线的绝缘老化，电器触头接触电阻增加会导致触头烧坏，同时温度过高还会影响电器保护性能的稳定性、动作的可靠性等。

高温环境主要包括冶金熔炼车间、锅炉房、装有蒸汽供暖管道的场所，安装在这些场所附近的电气设备和线路都将不同程度地受到高温辐射环境的影响。另外，一些电气设备本身，如变压器、电动机等，也散发高温，若自然通风和散热条件较差，运行温度持续升高会导致其不能工作。

高温环境对电气设备的影响较大，会使开关的容量减小、热继电器误动作、电子器件的技术性能被破坏。当电气设备和线路长时间在高温环境下工作，会导致绝缘材料老化、脆弱干裂，甚至发生短路，若保护开关不能及时跳闸，将会导致绝缘导线的外护层熔化、着火，引发火灾事故。

高温环境的防护对策主要体现在电气设备选型、线路敷设方面。电动机等电气设备选用 F 级或 H 级绝缘等级，导线及开关的规格应高于常规环境要求一个等级，也可选用耐热型；线路应穿管明敷设，尽量避免在高温区域安装电气设备和敷设线路；必须在一些热力设备和管网附近安装电气设备和线路时，应采用耐高温的元件和绝缘材料，采用耐热型或阻燃型的电缆和导线，配电箱、开关柜、闸箱等设备应用钢板制造外壳并刷耐火漆；对于热力设备等，应用保温隔热材料作为防护层，以减少对周围环境的热辐射；使用空调或通风装置，把电气设备的安装环境调节到合适的温度。

三、电化腐蚀环境

电化腐蚀环境主要包括电解、电镀、热处理、充电车间，以及含有酸、碱或腐蚀性气体的化工车间等，该类环境有以下特殊要求：

①电气设备应选用防腐型，腐蚀较轻的地方可选用密闭型，导线应选防腐电缆或防腐导线，腐蚀较轻的地方可用塑料电缆或塑料导线。

②线路敷设应避开直接腐蚀或熏染场所，明敷设导线必须穿优质硬塑管，暗设可选用金属管，但管内必须刷防腐漆。所有管口应用密封胶泥密封。

③接地线的干线应用镀锌扁钢沿室外的墙敷设；电镀、电解、充电设备的保护零线应用镀锌扁钢与零干线焊接，所有的焊口应进行防腐处理，接地装置及其引线的规格应高于常规环境要求一个等级。

④对于在电化腐蚀环境中使用的电气设备及供电线路、保护装置，要有严格的检查、检修制度。

四、狭窄导电场所

所谓狭窄导电场所，是指空间不大的场所，且场所内大都存在接地的金属导电体，人体接触较大电位差的可能性大。此场所内所使用的电气设备一旦绝缘损坏，其金属外壳所带故障电压与场所的电位之间将产生电位差（即接触电压），此差值达到最大。而在狭窄导电场所内，人体难以避免同时与故障设备及可导电金属部分接触，导致电击风险显著增加。因此，狭窄导电场所被 IEC 标准列为电击危险场所。

在狭窄导电场所内，应对不同类型的电气设备采用不同的防间接接触电击措施：

①对于功率较小的手持式电气工具和移动式测量设备，可用降压隔离变压器为电源的 SELV 回路供电。

②对于功率较大的手持式电气工具，可用变比为 1∶1 的隔离变压器供电。隔离变压器可有多个二次绕组，但一个二次绕组只能供一台电气设备，所供电气设备应尽量采用 I 类设备。当采用 I 类设备时，该设备的手柄应由绝缘材料制成。

③手提灯必须用 SELV 回路供电，其光源可为白炽灯泡，也可采用内置双绕组变压器和逆变器供电的荧光灯。

上述降压隔离变压器和 1∶1 的隔离变压器应放置在狭窄导电场所以外。针对狭窄导电场所内固定安装的测量与控制设备，若其功能需求中包含接地，则此场所内所有的外露导电部分、装置外导电部分，应通过等电位连接，以避免场所内出现因不同接地装置间电位差异而导致的电击风险及设备损坏事故。

第二节 易燃易爆环境电气安全

在石油、化工、煤矿、轻纺、粮食加工及军工等行业中，易燃易爆物质如气体、液体、粉尘或纤维等的使用和处理是常见的。在这些物质的生产、使用、储存和运输过程中，若安全措施执行不当，一旦遭遇火源，极易导致火灾和爆炸事故的发生。易燃易爆环境作为一种特殊环境，其安全防护的核心在于避免雷电、静电以及电气设备和线路产生的火花成为引发火灾和爆炸的源头。

防止易燃易爆环境中的火灾爆炸事故，其安全措施主要在于合理选择、安装和使用防爆电气设备及线路，防止其成为点燃源。然而，在防爆电气设备的应用安全方面，存在诸多隐患，包括爆炸危险区域划分不明确、购置的防爆电气设备合格率低、安装过程中防爆电气设备的隔爆接合面处理不当等问题。

对于防爆电动机、防爆开关电器、防爆灯具、防爆仪表、防爆成套设备和电气附件等，经检验合格后并不能确保其在爆炸危险场所的安全使用，因为不正确的选型、不恰当的安装和不到位的维护都会影响防爆电气设备的安全使用。例如，将矿用防爆电机、矿用防爆按钮等用在工厂爆炸危险场所中，属于防爆电气设备选型错误；隔爆型开关操作手柄的轴与轴孔之间的长期磨损，也会使隔爆接合面的间隙增大，影响隔爆性能；隔爆外壳的隔爆接合面长期受到腐蚀作用而发生锈蚀，使隔爆性能降低甚至丧失等。因此，必须由具有资质的防爆电气设备检测检验机构，对生产型企业中存在爆炸危险场所的防爆电气设备的选型和安装进行检查，并出具相应的报告，以确保防爆电气设备的选用、安装、检修和更新等环节符合国家相关标准的要求。

在易燃易爆危险环境中，电气设备的选型十分重要，应按区域等级和使用条件来选择。设备的类、级、组别应与使用的爆炸性环境相适应，一般来讲，选用防爆电气设备的温度组别比所处的温度组别高1～2级即可，当存在两种以上爆炸性混合物时，应按高级别和组别选用。在选择防爆电气设备时，应使其能够满足化学、机械、气候（如温度、潮湿、腐蚀、风沙、雷电）等不同环境条件的要求，在规定的运行条件下必须确保其防爆性能良好。此外，还应考虑系统露天、长期过负荷运行及日常维护等因素。

电气线路一般应采用非铠装电缆或钢管配线明敷设。在21区或23区内，可采用硬塑料管配线。在23区内，当远离可燃物质时，可采用绝缘导线在瓷绝缘子上敷设。在21区或22区内，电动起重机不应采用滑触线供电。在23区内，可采用滑触线供电，但在滑触线下方不应堆置可燃物质。对于移动式、携带式电气设备线路，应采用移动电缆或橡套电缆、橡套软线。由于环境条件的特殊性，爆炸危险和火灾危险环境中的电气设备及线路的接地要求不同于常规环境的接地。除了保护接地、保护接零外，在生产、贮存、装卸液化石油气、可燃气体、易燃液体的环境和利用空气干燥、掺和、输送粉尘粒状的可燃粉尘的环境中，应设置防静电与防感应雷接地。防静电的接地装置可与防感应雷的电气设备的接地装置共同设置，其接地电阻值应符合电气设备接地和防感应雷的规定。

防爆电气设备在应用中注意维护及检测。一般来说，正规厂家生产的防爆电气产品的防爆安全性能是符合标准要求的，但在使用中会受到工作条件和环境条件的影响，对防爆电气产品产生不利影响，某些损害还会降低防爆电气产品的防爆安全性能。这些设备在使用过程中由于机械磨损或材料老化，使用环境，设备检查、维护、修理工作失误等，使防爆电气设备的防爆性能降低甚至丧失，形成点燃源而引起爆炸或火灾事故。

当防爆电气设备因外力损伤、大气锈蚀、化学腐蚀、机械损伤、自然老化等导致防爆性能下降或失效时，应予以修理；对于不能恢复到原有等级防爆性能的，可以根据设备实际技术性能，降低防爆等级使用或降为非防爆电气设备使用。

防爆设备失效判定依据和使用年限规定难以把握，一般来讲，在额定条件下，防爆电气设备的可靠性寿命为 10～15 年，如果防爆电气产品在化工等腐蚀严重的场所使用，其寿命会缩短，防爆安全性能可能会受到影响，如隔爆面锈蚀、密封垫老化等。

一、防静电火花

在爆炸性环境中，为了避免接触点处产生静电，对于可能产生静电的设备和管道，均应采取静电接地措施。

对于加工、贮存、运输可燃气体、易燃液体和粉体的金属工艺设备、容器和管道，都应做防静电接地。

对于存有可燃气体、液化烃、可燃液体、可燃固体的管道，在下列部位，应设静电接地设施：进出装置或接地设施处，爆炸危险场所的边界，管道泵及泵入口永久过滤器、缓冲器等。

在不能保持良好电气接触的法兰装置、管箍弯头和管道阀门等管道连接处，应采用跨接，由于管道内的介质腐蚀性比较强，在管道的法兰连接处或阀门连接处极易发生泄漏，因而跨接线所用的钢绞线、热镀锌圆钢或铜编织线应为不锈钢材质，并将工艺管道的阀门或法兰两端用抱箍连接。还应在屋顶设备及工艺管道、排风管、放散管等处作防静电接地处理。

在可燃液体储罐的温度、液位等测量装置，应采用铠装电缆或钢管配线，电缆外皮或配线钢管与罐体应作电气连接。

应对易燃易爆场所的防静电接地装置进行检测，对生产场所的工艺装置（操作台、传送带、塔、容器、换热器、过滤器、盛装溶剂或粉料的容器等）、设备等金属外壳的静电接地状况进行测试。静电接地连接线应采取螺栓连接，静电接地线的材质、规格宜符合相关标准要求。对于检查直径大于或等于 2.5 m 及容积大于或等于 50 m³ 的装置静电接地点的间距，应不大于 30 m，且不少于两处，并测试其与接地装置的电气连接。检查有振动性的工艺装置、皮带传动的机组及其皮带的防静电接地刷、防护罩的静电接地、袋式集尘设备中织入袋体的金属丝的接地端子的静电接地、与地绝缘的金属部件（如法兰、胶管接头、喷嘴等）的静电接地、粉体筛分、研磨、混合等其他生产场所金属导体部件的等电位连接和静电接地状况，测试其与接地装置的电气连接和静电接地电阻。在生产场所进口处，应设置人体导静电接地装置，测试其接地电阻。

检查储运场所中储罐及储罐内各金属构件（搅拌器、升降器、仪表管道、金属浮体等）与罐体的电气连接状况，测试其电气连接。检查浮顶罐的浮船、罐壁、活动走梯等活动的金属构件与罐壁之间的电气连接状况，测试其电气连接。连接线应取截面不小于 25 mm² 铜芯软绞线进行连接，连接点应不少于两处。检查油（气）罐和罐室的金属构件、呼吸阀、量油孔、放空管及安全阀等金属附件的电气连接及接地状况，测试其电气连接。在扶梯进口处，应设置人体导静电接地装置，测试其接地电阻。

对于油气管道系统中长距离无分支管道及管道，在进出工艺装置区（含生产车间厂房、储罐等）、分岔处，应按要求设置接地，测试其接地电阻。对于距离建筑物 100 m 范围内的管道，应每隔 25 m 接地一次，测试其接地电阻。当平行管道净距小于 100 mm 时，每隔 20～30 m 作电气连接；当管道交叉且净距小于 100 mm 时，应作电气连接，测试其电气连接。管道的法兰应作跨接连接，在非腐蚀环境下，若不少于 5 根螺栓，可不跨接，测试法兰跨接的过渡电阻。检查工艺管道的加热伴管时，应在伴管进气口、回水口处与工艺管道作电气连接，测试其电气连接。检查储罐的风管及外保温层的金属板保护罩，其连接处应咬口，利用机械固定的螺栓与罐体作电气连接并接地，测试其与接地装置的电气连接。检查金属配管中间的非导体管两端的金属管，该金属管应分别与接地干线相连，或采用截面不小于 6 mm² 的铜芯软绞线跨接后接地，并测试跨接线两端的过渡电阻。检查非导体管段上的所有金属件，金属件应接地，并测试其与接地装置的电气连接。

二、防雷电火花

检测接闪器与引下线是否电气连接可靠，以及接地电阻是否符合要求。接闪器的材质、规格（包括直径、截面积、厚度）与引下线的焊接工艺、防腐措施、保护范围及其与保护物之间的安全距离是否符合标准要求，测试其接地电阻值是否符合要求。

测试等电位连接的可靠性。检查穿过各雷电防护区交界的金属部件以及建筑物内的设备、金属管道、电缆桥架、电缆金属外皮、金属构架、钢屋架、金属门窗等较大的金属物，应就近与接地装置或等电位连接板（带）做等电位连接，并测试其电气连接的可靠性。检查平行敷设的管道、构架和电缆金属外皮等长金属物，当其净距小于 100 mm 时，应采用金属线跨接，跨接点的间距不应大于 30 m；当交叉净距小于 100 mm 时，其交叉处也应跨接；当长金属物的弯头、阀门、法兰盘等连接处的过渡电阻大于 0.03 Ω时，其连接处应用金属线跨接。

检查电涌保护器的安装场所，电涌保护器的安装场所应与使用环境要求相适应。

对于油库中储油罐体积超过 50 000 m³ 的金属储罐，要求接地电阻小于 5 Ω；对于体积在 50 000 m³ 以下的金属储罐，要求接地电阻小于 10 Ω。当储罐顶板厚度大于 4 mm 时，储罐本体可作为接闪器。金属储罐必须设环形防雷接地，其接地点应不少于 2 处，其防雷接地电阻不应大于 10 Ω，其防雷电感应接地电阻不应大于 30 Ω。金属油罐的阻火器、呼吸阀、量油孔、透光孔、入孔等金属配件必须做等电位连接。对于非金属油罐，一般采取独立接闪杆（网）的保护措施，应注意其独立的防雷装置与被保护物的水平距离不小于 3 m。若采用的是接闪网，其网格应不大于 6 m×6 m，引下线不少于 2 根，且应均匀或对称布置。非金属的防雷接地电阻应小于 10 Ω，其阻火器、呼吸阀、量油孔、透光孔、入孔等金属配件必须做等电位连接，且在防直击雷装置的保护范围内。

对于油库的动力、照明及通信线路，宜采用铠装屏蔽电缆埋地引入，在与架空线的连接处，应装设过电压保护（电涌保护）器，电压保护器、电缆外皮和绝缘子铁脚应做电气连接并接地，其冲击电阻应不大于 10 Ω。油库的卸油台应有防感应雷接地测试点，且输送油管路应连接成电气通路，并做防感应接地。

若汽车加油站的钢体油罐是埋地罐体，则其罐体、量油孔、阻火器等金属配件应进行电气连接并接地，其连接的接触电阻应不大于 0.03 Ω，防雷接地装置冲击接地电阻应不大于 10 Ω，汽车加油站的输送油管路应设有防感应雷接地装置，其接地电阻应小于

30 Ω。处于雷击和多雷区的加油站站房、加油岛、罐区、罩棚，应采用防直击雷装置。

爆炸物品仓库如火药、炸药和化学试剂类仓库在进行防雷检测时，应在爆炸物品仓库周围安装防直击雷、防雷电波入侵等设施，如安装消雷器或避雷针、架空避雷网等，其引下线截面积应大于 50 mm²。库房的电气线路应采用铠装屏蔽电缆埋地敷设，在引入端的电缆金属外皮应有防雷电感应接地测试点。爆炸物品仓库的接地装置与库房的距离应在 3 m 以上。

对于排放爆炸危险的气体、蒸气、粉尘的管道和管口处以下的空间，应在防直击雷装置的保护范围内。引入高危场所的线路应采用铠装屏蔽电缆直接敷设，其入户端应连接到防雷电感应的接地装置上，其冲击接地电阻不应大于 10 Ω。在电源引入的总配电柜处，应装设过电压保护器。当高危场所建筑物高于 30 m 时，应增设防侧击雷装置。

第三节 起重机械与电梯特种设备的电气安全

《中华人民共和国特种设备安全法》指出，特种设备是指"对人身和财产安全有较大危险性的锅炉、压力容器（含气瓶）、压力管道、电梯、起重机械、客运索道、大型游乐设施、场（厂）内专用机动车辆，以及法律、行政法规规定的适用本法的其他特种设备"。本节仅涉及特种设备中的塔式起重机与电梯的电气安全技术。

一、起重机械

起重机械按其功能和结构特点，可分为轻小型起重设备、起重机、升降机、工作平台、机械式停车设备五类。电动葫芦、卷扬机等属于轻小型起重设备；起重机又有桥架、臂架和缆索型起重机，如桥式起重机、门式起重机、梁式起重机等桥架类型，塔式起重机、汽车起重机、轮胎起重机等臂架类型；升降机有施工升降机、举升机等。

（一）一般安全要求

起重机械的安装、验收、运行、监管等都必须符合特种设备相关标准和要求。起重机所有电气设备的防护等级应当符合有关安全技术规范的要求。例如，在环境温度超过40℃的情况下，应选用绝缘等级为 H 级的电动机。在户内正常条件下使用时，电动机外壳至少应符合 IP23 防护等级，在多尘环境下应符合 IP54 防护等级，在户外使用时至少符合 IP54 防护等级。户外型起重机控制屏（柜、箱）应采用防护式结构，在无遮蔽的场所安装、使用时，外壳防护等级应不低于 IP54 防护等级，在有遮蔽的场所，防护等级可适当降低。

电路导体与起重机结构之间的绝缘保护，应达到安全要求；电气设备之间及其与起重机结构之间，应当有良好的绝缘性能；主回路、控制电路、所有电气设备的相间绝缘电阻和对地绝缘电阻不得小于 1 MΩ，当有防爆要求时，绝缘电阻应不小于 1.5 MΩ。

起重机的金属结构以及所有电气设备的外壳、管槽、电缆金属外皮和变压器低压侧，均应有可靠的接地。在检修时，也应当保持接地良好。

（二）起重机电气安全装置

起重机械电气控制系统要设置必要的电气保护措施，主要安全装置包括以下内容：

一是断路器保护线路和电动机。当发生短路、过载、过压及失压时断开电源，当恢复供电时，不经手动操作，总电源回路不能自行接通。为了检修安全，应加隔离开关，保证有断开距离和明显可见的断开点。当空气开关和铁壳开关在断开位置时，若无明显可见的断开点，就不能作为隔离开关使用。

二是紧急断电开关。起重机的电气设备必须保证传动性能和控制性能的准确、可靠，在紧急情况下能够切断电源并安全停车，紧急断电的开关应设在方便司机操作的地方。

三是电源断相保护装置。起重机有很多保护电路与相序是密不可分的，相序颠倒随即改变了电动机的转向。例如，在正常情况下，塔式起重机吊钩的上限位保护开关是控制吊钩上升的，即断开正转接触器线圈而停止继续上升；当相序颠倒后，该上限位保护开关所控制的接触器就变成控制吊钩的下降方向，吊钩上升就变成反转接触器控制，此时上限位失去了保护作用，会造成设备冲顶事故。同理，塔式起重机的小车因相序颠倒会出现前限位，不能限制小车前进，小车便会冲出起重臂而坠落。建筑工地上的供电系统常常会因为临时走线或增减开关箱而使三相电的相序发生改变，这种改变看不见、摸不着，其他仪器又检查不出来，只有相序继电器才能判别。当相序发生颠倒时，相序继电器将切断控制电路并报警显示。

电气联锁保护装置涵盖了零位保护、通道口安全联锁保护以及限位、限重、限速等多种保护机制。为避免在控制器手柄未处于零位状态下，起重机供电电源失压后重新供电导致电动机误启动，特设零位保护。司机室及工作通道门均配备连锁保护装置，确保任一门开启时，起重机所有机构电源断开，无法运作。限位开关的作用在于限制电动机驱动的机械部件在特定范围内运行，以预防越位事故的发生。对于臂架式起重机而言，其起吊重量与吊钩运行位置密切相关，在特定幅度内，仅允许起吊限定重量，超重则可能导致起重机倾覆。当起升机构采用能耗制动可控硅供电或直流机组供电方式时，必须增设超速保护装置；对于额定起重量超过 20 t 的起重机，尤其是用于吊运熔融金属的起重机，也应配置超速保护装置。

（三）塔式起重机电气安全措施

根据《塔式起重机安全规程》，起重机安全装置有起升重量限位器、回转限位器、高度限位器、力矩限制器、行程限位器、小车断绳保护装置、小车防脱轨装置、小车断轴保护装置、钢丝绳防脱装置防脱钩装置、导绳器、防雷保护、风速仪和各类电气保护装置等。起重机通过这些安全装置获取信号，并与电气控制系统、机械控制装置共同完成安全保护功能。

对于塔式起重机的电气系统，要设置短路、过流、欠压、过压及失压保护，以及零位保护和电源错相及断相保护。施工机械要求塔式起重机配置专用配电开关箱。

1.安全装置工作原理

（1）起升高度限位器

起升高度限位器限制的是吊钩运行的上下终点位置，防止由于操作不慎而造成吊钩组与变幅小车顶死，从而发生拉断起重绳或损坏机件等事故。

（2）小车变幅限位器

小车变幅限位器可以限制小车运行的前后终端位置，原理与起升高度限位器一致。它是一个带涡轮减速器、凸轮轴及微动开关的多功能行程限位器，安装在卷扬机卷筒一侧，限位器输入轴和卷筒做同向、同转速旋转。钢丝绳在卷筒上卷绕的长度信号进入限位器，当达到设定值时，通过凸轮压下的微动开关切断起升机构的上升控制电路。

（3）回转限位器

回转限位器安装在回转塔身的下面，其输入轴上装有与回转大齿轮啮合的小齿轮，即输入小齿轮，限制回转角度，实现回转限位，防止电缆扭曲和损坏。

（4）力矩限位器

力矩限位器通过两端的连接钢板牢固地焊接在塔尖右后角的主肢内侧。在吊重载荷作用下，塔帽后方（靠近平衡臂一侧）的主肢将承受拉伸应力并产生伸长变形，焊接于主肢上的两块弯曲钢板之间的距离随之减小。当达到预设的限制值时，调节螺栓头部会触发行程开关，导致常闭触点断开，进而切断相应的控制电路。这一机制确保塔式起重机无法进行上升和向外变幅的动作，而下降和向内变幅的操作则不受影响，从而有效预防塔式起重机因超力矩作业而引发的安全事故。

（5）起重量限制器

它是有测力环的专用组件，安装在塔尖上部，起重钢丝绳从其滑轮绳槽中穿过，载荷在钢丝绳上的张力可以经滑轮传给安装滑轮的测力环上，使测力环产生微量变形，经放大器可以变形放大，顶开行程开关。

2.电气控制原理

下面以 QTZ80 型塔式起重机为例，说明起升、变幅、回转的电气控制原理。

小车行走控制线路如图 5-1 所示，操作小车控制开关 SA，可控制小车以高、中、低 3 种速度向前、向后行进。

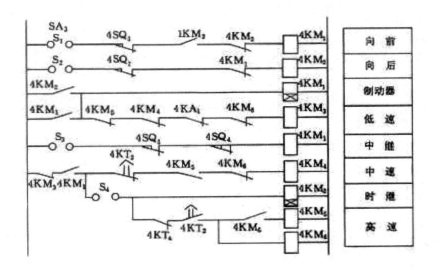

图 5-1 小车行走控制线路

小车行走控制线路的极限保护如下：

（1）行进保护

当小车前进（后退）至终点时，终点极限开关 $4SQ_1$、$4SQ_2$ 断开，控制线路中前进（后退）支路被切断，小车停止行进。

（2）临近终点减速保护

当小车行走至临近终点时，限位开关 $4SQ_3$、$4SQ_4$ 断开，中间继电器 $4KA_1$ 失电，中速支路、高速支路同时被切断，低速支路接通，电动机低速运转。

（3）力矩超限保护

力矩超限保护接触器 $1KM_2$ 常开触头接入前进支路，当力矩超限时，$1KM_2$ 失电，前进支路被切断，小车只能向后行进。

塔臂回转控制线路如图 5-2 所示。通过开关 SA_2 可控制塔臂以高、中、低 3 种速度向左、向右旋转。

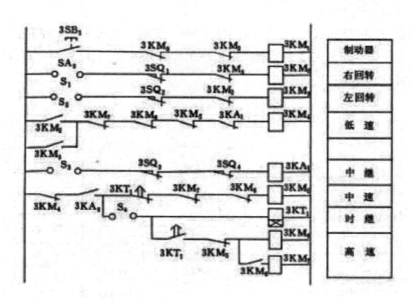

图 5-2 塔臂回转控制线路

塔臂回转控制线路的极限保护如下：

（1）回转角度限位保护

当塔臂向右（左）旋转至极限角度时，限位器 $3SQ_1$、$3SQ_2$ 动作，$3KM_1$、$3KM_2$ 失电，回转电动机停转，只能做反向旋转操作。

（2）回转角度临界减速保护

当塔臂向右（左）旋转接近极限角度时，减速限位开关 $3SQ_3$、$3SQ_4$ 动作，$3KA_1$、$3KM_5$、$3KM_6$、$3KM_7$ 失电，$3KM_4$ 得电，回转电动机低速运行。

将操作起升控制开关 SA_1 分别置于不同挡位，可用低、中、高 3 种速度起吊。起升控制线路如图 5-3 所示。

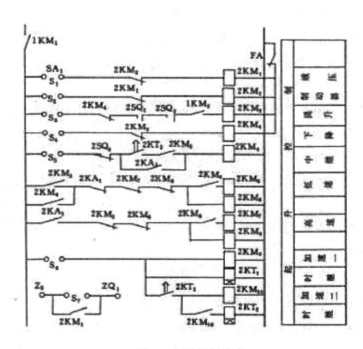

图 5-3 起升控制线路

将控制开关拨至第 I 挡，S_1、S_3 闭合。接触器 $2KM_1$ 得电，力矩限制接触器 $1KM_2$ 触头处于闭合状态，$2KM_3$ 得电，使低速支路常开触头闭合，$2KM_6$、$2KM_5$ 相继得电，对应主线路 $2KM_6$ 闭合，转子电阻全部接入，$2KM_1$ 闭合，转子电压加在液压制动器电动机 M_2 上，使之处于半制动状态，$2KM_5$ 闭合，滑环电动机 M_2 定子绕组 8 级接法，$2KM_3$ 闭合，电动机得电低速正转（上升）。通过线间变压器 201 抽头 110 V 交流电经 $2KM_1$ 触头再经 75 号线接入桥堆，涡流制动器启动。

当控制开关拨至第 II 挡，S_2、S_3、S_7 闭合，S_1 断开使 $2KM_1$ 失电，制动器支路 $2KM_1$

常闭触头复位。S_2 闭合使 $2KM_2$ 得电，S_3 闭合使 $2KM_3$ 继续得电。主电路 $2KM_1$ 断开，$2KM_2$ 闭合，使三相交流电直接加在液压制动器电机 M_2 上，制动器完全松开。S_7 闭合，使涡流制动器继续保持制动状态，$2KM_5$、$2KM_6$ 依然闭合，电动机仍为 8 级接法低速正转（上升）。

当控制开关拨至第Ⅲ挡，S_2、S_3 闭合，除 S_7 断开使涡流制动器断电松开之外，电路状态与Ⅱ挡一样。

当控制开关拨至第Ⅳ挡，S_2、S_3、S_6 闭合，S_6 闭合使 $2KM_9$ 得电，时间继电器 $2KT_1$ 得电，触头延时闭合使 $2KM_{10}$ 得电，继而使时间继电器 $2KT_2$ 得电。主电路电动机转子因 $2KM_9$ 和 $2KM_{10}$ 相继闭合，使电阻 R_1、R_2 先后被短接，使电动机得到两次加速。

中间继电器控制支路触头 $2KT_2$ 延时闭合，为下一步改变电动机定子绕组接法的高速运转做好准备。

当控制开关拨至第Ⅴ挡，S_2、S_3、S_5、S_6 闭合，S_5 闭合使中间继电器 $2KA_1$ 得电自锁（触头 $2KM_5$ 在Ⅰ挡时完成闭合），其常闭触头动作切断低速支路，$2KM_5$ 失电，常闭触头复位接通高速支路，接触器 $2KM_8$、$2KM_7$ 相继得电。主回路转子电阻继续被短接，触头 $2KM_5$ 断开、$2KM_8$ 闭合，电动机定子绕组接法为 4 级，触头 $2KM_7$ 闭合，电动机高速运转。

提升控制线路中设有力矩超限保护 $2SQ_1$、提升高度限位保护 $2SQ_2$、高速限重保护 $2SQ_3$，其保护原理如下：

（1）力矩超限保护

当力矩超限时，$2SQ_1$ 动作，切断提升线路，$2KM_3$ 失电，提升动作停止。同时，总电源控制线路中单独设置的力矩保护接触器常开触头 $1KM_2$ 再次提供了力矩保护。

（2）高度限位保护

当提升高度超限时，高度限位保护开关 $2SQ_2$ 动作，提升线路切断，$2KM_3$ 失电，提升动作停止。

（3）高速限重保护

当控制开关在第Ⅴ挡，定子绕组 4 级接法，转子电阻短接，电动机高速运转，若起重量超过 1.5 t 时，超重开关 $2SQ_3$ 动作，$2KA_1$ 失电，$2KM_7$、$2KM_8$ 相继失电，$2KM_5$、$2KM_6$ 相继得电，电动机定子绕组由 4 级接法变为 8 级接法，转子电阻 R_1、R_2 接入，电动机低速运转。

提升控制线路中接有瞬间动作限流保护器 FA 常闭触头，当电动机定子电流超过额定电流时，FA 动作，切断提升控制线路中相关控制器件电源，电动机停止运转。如遇突然停电，液压制动器 M$_2$ 失电，对提升电动机制动，避免起吊物体荷重下降。

3. 防雷

对于塔式起重机防雷是否需要另外设置防雷装置、能否用塔式起重机机身代替防雷引下线，在相应的安全规范中没有进行说明。因塔式起重机是钢结构，本身是一个良好的导体，但是塔式起重机机身是用高强螺栓或销轴进行分段连接的，如果是旧塔式起重机，有可能其中某一节点存在接触不良的情况，造成绝缘或接地电阻过大，达不到防雷安全规范的要求。因此，应做到按照规范要求来使用规定的接地电阻。

塔式起重机的金属结构、轨道，以及所有电气设备的金属外壳、金属线管、安全照明的变压器低压侧等均应可靠接地，接地电阻不大于 4 Ω，重复接地电阻不大于 10 Ω，接地装置的选择和安装应符合电气安全的有关要求。

塔式起重机的机体必须做防雷接地，同时必须与配电系统 PE 线相连接。除此之外，PE 线与接地体之间还必须有一个直接、独立的连接点。若是轨道式起重机，其防雷接地可以借助于机轮与轨道的连接，但还应在轨道两端各设一组接地装置，在轨道接头处做电气连接，在两轨道端部做环形电气连接，当轨道较长时，应每隔 30 m 加一组接地装置。

（四）起重机械的电气安全装置的检验判断

应定期检查起重机械中电气安全装置的可靠性、完好性，测量电气设备的绝缘性能，使其满足相应规范与标准。

对于起重机械的电气安全装置检查，可通过核查各设备运行的自检记录来进行，当存在疑问时，检查人员要赴现场进行实物检查。下面列举起重机械电气安全装置常用的检验判断方法：

1. 电气保护装置中接地保护的判定

检查人员在现场对实物进行外观检查，应要求施工单位测量接地电阻，并现场监督测量情况。若满足以下要求，可判定为合格：

一是用整体金属结构作为接地干线的起重机，其金属结构有可靠电气连接的导电整体，如金属结构的连接有非焊接处，另设了专用接地干线或在非焊接处设有跨接线。

二是起重机上所有电气设备正常不带电的金属外壳、变压器铁芯及金属隔离层、穿线金属管槽、电缆金属护层等均与金属结构或专用接地干线间有可靠的连接。

三是当起重机供电电源为中性点直接接地的低压系统时，整体金属结构的接地形式采用 TN 或 TT 接地系统。当采用 TN 接地系统时，零线非重复接地的接地电阻应不大于 4 Ω，零线重复接地的接地电阻应不大于 10 Ω。当采用 TT 接地系统时，起重机金属结构的接地电阻与漏电保护电器动作电流的乘积应不大于 50 V。

2.电气保护装置中短路保护的判定

现场检查起重机总电源回路设有完好的自动断路器或熔断器。

（1）电气保护装置中失压保护的判定

核查自检记录，当存在疑问时，检查人员应赴现场进行实物外观检查，并动作试验。起重机上的总电源设有失压保护，当供电电源中断时，能够自动断开总电源回路，当恢复供电时，不经手动操作（如按下启动按钮），总电源回路不能自行接通。

（2）电气保护装置中零位保护的判定

在现场进行实物外观检查，并动作试验。起重机设有零位保护，断开总电源，将任一机构的控制器手柄搬离零位，再接通总电源，该机构的电动机不能启动；当恢复供电时，必须先将控制器手柄置于零位，该机构或所有机构的电动机才能启动。

（3）电气保护装置中过流（过载）保护的判定

起重机上的每个机构均单独设置过流（过载）保护。过流（过载）保护没有被短接或拆除。

（4）电气保护装置中供电电源断错相保护的判定

现场应按下述方法进行检查，即断开主电源开关，在主电源开关输出端断开任意一根相线或者将任意两相线换接，再接通主电源开关，观察总电源接触器能否接通。当电源断相或错相后，总电源接触器不能接通，则判定为合格。

（5）应急断电开关判定

动力电源的接线从总电源接触器或自动断路器出线端引接，应急断电开关为非自动复位，且设在司机操作方便的地方。在紧急情况下，应急断电开关能切断起重机的总动力电源，即主电源。

（6）限位限制保护判定

起升高度限位器、运行机构行程限位器等各机构配合良好，到达限位位置，能停止相应方向的运行。

（7）连锁保护装置判定

在各机构未运行时，分别打开出入起重机械的门和司机室到桥架上的门，按下启动按钮不能接通起重机械主电源。

（8）空载、起重量限制器、额定载荷判定

核查施工单位的试验方案，检查现场试验条件，由施工单位进行试验，检查人员进行现场监督，并且对试验结果进行确认。

二、电梯

（一）电梯概述

电梯是高层建筑不可缺少的交通运输设备，已经成为城市现代化程度的重要标志之一。电梯按用途可分为乘客电梯、客货电梯、病床电梯、载货电梯、观光电梯、消防电梯、施工电梯等。电梯对人可能造成的危险有剪切挤压、坠落、撞击、电击、被困等。

现代电梯广泛采用曳引驱动方式，曳引机作为驱动机构，钢丝绳挂在曳引机的绳轮上，一端悬吊轿厢，另一端悬吊对重装置。当曳引机转动时，由钢丝绳与绳轮之间的摩擦力产生曳引力来驱使轿厢上下运动。

电梯是机电一体化产品，由机械、电气及安全装置三大部分组成，就如人的身体一样，机械是人的骨骼（架），电气是人的神经系统，安全装置是人的各种器官。电梯按功能可分为八个系统，详见表5-1。

表 5-1 电梯的八个系统

八个系统	功能	组成的主要构件
曳引系统	输出与传递动力，驱动电梯运行	曳引机、曳引钢丝绳、导向轮、返绳轮、制动器
导向系统	限制轿厢和对重的活动自由度，使轿厢和对重只能沿着导轨运动	对重导轨、导轨架
轿厢	用以运送乘客和货物	轿厢架、轿厢
门系统	乘客或货物的进出口，运行时门必须封闭，到站时才能打开	轿厢门、层门门锁、开门机、关门防夹装置

续表

八个系统	功能	组成的主要构件
重量平衡系统	平衡轿厢重量以及补偿高层电梯中曳引钢丝绳重量的影响	对重、补偿链（绳）
电力拖动系统	提供动力，对电梯实行速度控制	供电系统、电机调速装置
电气控制系统	对电梯的运行实行操纵和控制	操纵盘、呼梯盒、控制柜、层楼指示、平层开关、行程开关
安全保护装置	保证电梯能够安全使用，防止一切危及人身安全的事故	限速器、安全钳、缓冲器端站保护装置、超速保护装置、断相及错相保护装置

电梯采用 TN-S 或 TN-C-S 系统。TN-C 系统不宜用于电梯供电系统，因为该系统三相不平衡电流、单相工作电流以及整流装置产生的高次谐波，都会在 PE 线与接零设备外壳产生压降，不但会使工作人员触电，而且会使微弱电信号控制的电脑运行不稳定，甚至产生误动作。TN-C-S 系统经重复接地，可用于电梯供电系统，但重复接地要求较严格。在接地电阻 $R \leq 4\ \Omega$ 时，接地干线不易发生断裂等。在 TN 系统中，严禁电梯的电气设备外壳单独接地，也不允许接地线串接，应把所有接地线接至接地端。

按照《电梯制造与安装安全规范》的相关规定，零线与接地线应始终分开，所有电梯电气设备的金属外壳应有易于识别的接地端，接地线应用黄绿双色相间的铜芯线，其截面积应不小于相线的 1/3（最小不应小于 4 mm²）。在电线管与线盒之间，均应用直径为 5 mm 的钢筋跨接并焊牢。轿厢用不得少于两根、截面积大于 1.5 mm² 的铜芯线做接地线。

（二）电梯安全保护装置

为了防止电梯安全事故的发生，电梯应设置电气安全装置，这些装置的任何一项动作，都应具备防止电梯主机启动或立即中断其运行的功能，并确保制动器的电源被迅速切断。我国《电梯技术条件》规定，电梯应具有以下安全装置或保护功能：

1.限速器-安全钳系统联动超速保护装置

限速器-安全钳系统联动超速保护装置包括监测限速器或安全钳动作的电气安全装

置以及监测限速器绳断裂或松弛的电气安全装置。限速器和安全钳是电梯最重要的安全保护装置，也称为断绳保护和超速保护。在电梯中，限速器与安全钳成对出现和使用，当电梯出现超载、打滑、断绳等失控情况时，电梯轿厢超速向下坠落，限速器-安全钳可以将轿厢紧紧地卡在导轨之间。

2.供电系统断相、错相保护装置

供电系统断相、错相保护装置可以防止电梯反向运行、烧毁电动机。

3.上下端超越保护装置

设在井道上下两端的终端极限开关在轿厢或对重装置未接触缓冲器之前，可以强迫切断主电源和控制电源非自动复位的安全装置，防止电梯冲顶与墩底事故，此时不可呼梯。

4.层门联锁与轿门电气联锁装置

电梯层门上的门联锁是电梯中最重要的安全部件之一，是带有电气触点的机械门锁。《电梯制造与安装安全规范》要求所有厅门锁的电气触点都必须串联在控制电路内。只有在所有楼层的层门、轿门都关好，门锁电气触头都接通以后，电梯才能启动运行。

5.超载保护装置

当电梯负载超过额定负载后，保护装置切断电梯控制电路，使电梯不关门、不运行，同时点亮超载信号灯，超载蜂鸣器响。

6.门入口安全保护

动力操纵的自动门在关闭过程中，当人员通过入口被撞击或即将被撞击时，自动使门重新开启保护装置，避免电梯门夹人事故的发生。安全触板是电梯的一种近门安全保护装置，它是一种机电一体式的关门防夹安全装置。具有同等作用的近门保护装置还有非接触式装置，例如光电式、电磁感应式、超声波监控式、红外线光幕式保护装置等。

7.其他

（1）紧急操作装置

当发生停电或电气系统出现故障时，应有慢速移动轿厢的措施等。

（2）终端缓冲装置

对于耗能型缓冲器，还包括检查复位的电气安全装置，例如底坑撞底缓冲器装置设有弹簧缓冲器和液压缓冲器。

（三）电梯电气安全回路及作用

把所有的电气安全装置串联起来，就形成了一个电气安全回路。在电气安全装置中发生任何一个动作时，直接切断主接触器的线圈供电，主接触器的触点就会断开驱动主机的供电，切断制动器线圈供电，从而断开主电源和制动器的电源，防止电梯驱动主机启动或立即使其停止运转，制动器的电源被切断，通过制动把轿厢制停。

由于输电功率、电气安全回路压降、监控电梯状态的需要，在实践中可以把层门触点和轿门触点从电气安全回路中抽出来，另外串联成一个回路，称为门锁回路。有的还把层门和轿门触点分别串联成回路，称为层门锁回路和轿门锁回路。电气安全回路剩下的那一段，通常就称为安全回路。同时，安全回路和门锁回路也不再直接切断主接触器的线圈供电，而是先切断一个继电接触器的线圈供电，再由继电接触器的触点来切断主接触器的线圈供电，这个继电接触器就被分别称为安全继电器和门锁继电器。图 5-4 所示为 JY 安全继电器和 JMS$_1$、JMS$_2$ 门锁继电器，以及 JK 监控继电器。

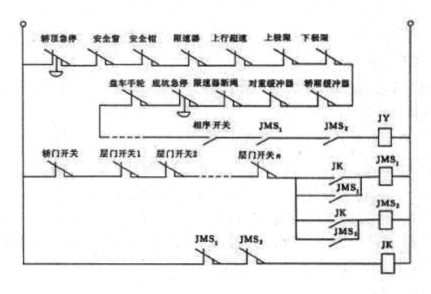

图 5-4 电梯电气安全回路图

多数电梯事故与电梯门的系统有关，电梯层门为一种防坠落和剪切的保护装置，为防止继电器元件故障导致安全失效，可以用 JMS$_1$、JMS$_2$ 两个门锁继电器并联的方法，增加其冗余度，然后对这两个电路进行监控。它们的常开触点均串联进了"主"电气安全回路，而它们的常闭触点被 JK 所监控。利用 JMS$_1$、JMS$_2$ 的常开触点进行门锁的关闭条件的判别，利用 JMS$_1$、JMS$_2$ 的常闭触点进行门正常运行的检测。将这些触点状态输入 PLC 或计算机，通过软件判断门锁安全电路是正常的还是出现断线故障的。当门锁电路处于短接状态时，应让电梯中止正常运行状态，由专人检修。当门锁开关断开时，如果 JMS$_1$、JMS$_2$ 中有一个常开触点粘连，则它的常闭触点应相应地断开，这样 JK 线圈就再也无法得电，即使门锁开关再次闭合，JMS$_1$、JMS$_2$ 线圈也无法得电，"主"电气安全回路就无法导通了，以确保电梯不发生开门运行的事故。

安全回路中的盘车手轮开关的作用是：当电梯发生故障、轿厢停靠在两层站之间时，切断盘手轮开关，松开安全钳，转动盘手轮，可使轿厢到达较近的层站。

检修开关分为控制柜检修开关、轿内检修开关和轿顶检修开关，这三处检修开关互锁，可以防止误动作，保证检修人员的安全。

坑底缓冲器开关位于井道底部，设置在轿厢和对重的行程底部极限位置，只有在缓冲器完成动作并恢复至其正常伸长状态后，电梯才能正常运行。该开关用于检测缓冲器是否能够正常复位。

安全窗开关指轿厢安全窗设有手动上锁的安全装置，如果锁紧失效，该装置能使电梯停止。只有在重新锁紧后，电梯才有可能恢复运行。

（四）电梯防雷

高层建筑被雷击的概率较高，同时电梯设备中使用的集成电路、敏感器件承受瞬间过电压能力极低，因此电梯防雷已成为高层建筑安全防护的重要环节，对电梯的防雷措施和检测的要求也提升到一定的高度。

电梯专用机房一般设在建筑物的最高处，现代建筑物多为钢筋水泥框架结构，屋面防直击雷措施较为完善，但难以有效防止感应雷、雷电波侵入电梯弱电部分。特别是高层电梯，通信线路较长，受感应的线路较长，这也是出现雷击停梯故障甚至烧毁电子板的主要原因，且通常烧毁的大部分是主微机板或信号处理板，此类故障会造成电梯的紧急制动停止，并有可能对电梯乘客造成伤害。因此，电梯防雷措施主要集中在防感应雷上。

1.电源及信号线路的布线系统屏蔽及其良好接地

为有效地预防雷击灾害，要先从系统屏蔽及其良好接地方面来考虑。屏蔽分为建筑物屏蔽、设备屏蔽和各种线缆（包括管道）屏蔽。建筑物屏蔽是指将建筑物钢筋、金属构架、金属门属、地板等相互连接在一起，形成一个法拉第笼，并与地网有可靠的电气连接，形成初级屏蔽网。设备屏蔽是根据各电子设备耐过电压水平，按雷电防护区施行多级屏蔽。对于电梯的电源、控制、通信等线缆，应在入户前使用屏蔽线缆或穿金属管进行屏蔽接地处理，以减少雷击电磁脉冲对电梯控制系统的干扰。电梯系统中的机房控制柜、主机、轿厢、层门、导轨等重要部件应与接地装置相连接，且连接可靠，用电设备的固定连接螺栓不能采用可靠接地连接，而应采用跨接形式。

2.等电位连接

将建筑物内的电梯滑道、电梯机房金属门窗、金属构架等连接形成等电位，在电梯机房内使用 40 mm × 4 mm × 300 mm 的铜排设置等电位接地端子板，室内所有的机架（壳）、配线线槽、设备保护接地、安全保护接地、浪涌保护器接地端均就近接至等电位接地端子板。区域报警控制器的金属机架（壳）、金属线槽（或钢管）、电气竖井内的接地干线、接线箱的保护接地端等均就近接至等电位接地端子板。在电梯竖井内下端、中部、顶部分别设局部等电位端子箱或预埋端子板，通过暗敷镀锌扁钢、圆钢或结构钢筋，与总等电位端子箱相连。使用金属编织软铜线将局部等电位端子箱或预埋端子板与电梯导轨连接起来，此线两头应压接开口接线端子挂锡后，用螺栓紧固。

3.SPD 选择

在电梯控制系统中使用电涌保护器，能对防止雷击灾害起到更有效的作用，一般有3 个保护等级：

第 1 级：SPD 并联设置在建筑总配电箱及电表处，将雷击电涌在该段线路的残压控制在 4 000 V 内，避免瞬间击毁设备。第 1 级电源避雷器的型号可选 ATPORT/4P-B100 三相 B 级电源避雷器。

第 2 级：SPD 将雷击电涌残压控制在 2 500 V 内，第 2 级保护在顶层电梯机房三相电源配电箱或配电柜处并联安装三相电源避雷器，第 2 级电源避雷器的型号可选 ATT385/4P-C40 三相 C 级电源避雷器。

第 3 级：SPD 用于低压电气设备回路保护，采用并联或串联的方式，将雷击电涌的残压控制在各电子板或重要电气器件可以承受的范围之内。电梯控制系统、PLC、电子板线路的 SPD 选择要适当，SPD 的额定电压必须与保护的回路电压等级相匹配。

因 SPD 具有一定的保护距离，一般为 3～5 m，在此距离内才能有效地降低雷击带来的电涌，将残压限制在电路板可承受的范围内，所以各电子板的保护位置应选在 SPD

安装位置的附近。按照保护的重要性和精细程度，甚至可以进行 4 级、5 级保护，它们的原理是相同的，其最终目的都是将设备或元件的雷击电涌残压控制在可以承受的范围内。

要想使雷电危害降到最低，在每年雷击季节前，应对接地系统进行检查和维护，主要检查连接处是否紧固、接触是否良好，接地引下线有无锈蚀，接地体所在地面有无异常，电涌保护器是否有效等，消除高层电梯的雷击隐患，确保电梯的安全运行。

第四节 建筑施工电气安全

在施工现场，环境的复杂多变性和用电的临时性，电气设备的工作条件往往会恶化，导致绝缘材料易受损害或老化。这种状况增加了因漏电引发的人身触电事故和火灾事故的风险。为了有效预防此类电气事故的发生，《建筑与市政工程施工现场临时用电安全技术标准》对施工现场的临时用电提出了明确要求。在规范中，在用电管理层面，强调了必须制定施工组织设计方案；在施工现场与周边环境的相互作用方面，明确了电气设备的安全距离标准；在配电线路的布置上，规定了架空线路、电缆线路以及室内配电线路的具体规则；对于电动建筑机械和手持式电动工具的使用，规范了操作要求和漏电保护电器的正确使用方法；同时，也对不同场所的照明使用原则进行了详细规定。日常安全检查的电气安全技术知识及要求如下：

一、临时用电的供配电安全

（一）总体安全要求

建筑施工现场临时用电工程专用的电源中性点直接接地的 220/380 V 三相五线制低压电力系统，必须采用三级配电系统、TN-S 接零保护系统、二级漏电保护系统等。

1.采用三级配电系统

三级配电系统是指施工现场从电源进线开始至用电设备中间应经过三级配电装置配送电力，即施工现场的临时用电应设置配电柜或总配电箱、分配电箱、开关箱，实行总配电箱（配电柜）→分配电箱→开关箱的三级控制。根据施工现场的情况，在总配电箱下设多个分配电箱，分配电箱下设多个开关箱，每台设备均由它的开关箱来控制。由于开关箱一般都靠近用电设备，一旦设备出现故障，可立即断电，以避免造成或扩大危害。

为保证三级配电系统能够安全、可靠、有效地运行，在实际设置系统时，应遵守四项规则：分级分路规则；动力、照明分设规则；压缩配电间距规则；环境安全规则。

分积分路规则是指一级总配电箱（配电柜）向二级分配电箱配电，可以分路；二级分配电箱向三级开关箱配电，同样也可以分路；三级开关箱向用电设备配电，必须实行"一机一闸"制，不存在分路问题。

动力、照明分设规则是指总配电箱和分配电箱中的动力配电箱与照明配电箱宜分别设置，若动力与照明合置于同一配电箱内共箱配电，则动力与照明应分路配电。但动力开关箱与照明开关箱必须分箱设置，不存在共箱分路设置的问题。

压缩配电间距规则是指除总配电箱（配电柜）、配电室外，分配电箱与开关箱之间、开关箱与用电设备之间的空间间距应尽量缩短。分配电箱应设在用电设备或负荷相对集中的场所，分配电箱与开关箱的距离不得超过 30 m，开关箱与其供电的固定式用电设备的水平距离不宜超过 3 m。

环境安全规则是指配电系统对其设置和运行环境安全因素的要求。环境应保持干燥、通风、常温；周围无易燃、易爆物及腐蚀介质；能避开外物撞击、强烈振动、液体浸溅和热源烘烤；周围无灌木、杂草丛生；周围不堆放器材、杂物。

2.采用 TN-S 接零保护系统

在 TN-S 系统中，PE 线应保持独立，由工作接地线或配电室的工作零线处引出，在配电室或总配电箱处做重复接地，供电回路上的重复接地数量不少于 3 处。PE 线在电箱内必须通过独立的（专用）接线端子板连接，并且保证连接牢固可靠，不得装设开关和熔断器。PE 线必须采用黄绿双色铜芯塑料绝缘电线，同时满足导电性和机械强度要求，必须具有足够的截面积，一般不小于相线的 1/2。各用电设备正常工作时，不带电的金属部分必须与供电线路的 PE 线相连，严禁与通过剩余电流保护器的保护零线或工作零线相连接。

TN-C-S 系统是为了适应施工现场场地的复杂性而对 TN-S 系统进行的一种适应性变通方案，使用这种系统必须注意，工作零线必须通过总漏电保护电器，PE 线必须由电源进线工作零线的重复接地处或总漏电保护电器电源侧的工作零线重复接地处引出，不得独立做一组接地体，然后引出一根线当作保护零线。

3.采用二级漏电保护系统

二级漏电保护系统是指用电系统至少应设置总配电箱漏电保护和开关箱漏电保护二级保护。采用二级漏电保护系统时，一旦开关箱内漏电断路器失灵，总配电箱（或分配电箱）内的漏电断路器就可以起到补救作用；若只在总配电箱（或分配电箱）内安装，一旦某用电设备漏电跳闸，将造成一大片系统停电，既影响无故障设备的正常运行，又不便查找故障点。因此，应根据线路和负载等不同要求分级保护，设置二级漏电保护系统，再与专用保护零线结合，形成施工现场防触电的两道防线。

（二）临时供电线路的安全要求

1.供电线路选型

对于临时施工用电线路，应选择绝缘导线或电缆。

架空线必须采用绝缘导线，其截面选择要满足机械强度、允许载流量、电压损失的要求。

电缆线必须包含全部工作芯线和用作保护零线或保护线的芯线，需要三相五线制配电的电缆线路必须采用五芯电缆。五芯电缆必须包含淡蓝 N 线，绿/黄双色芯线必须用作 PE 线，严禁混用。对于电缆截面的选择，应根据其长期连续负荷允许载流量和允许电压偏移确定。

室内配线必须采用绝缘导线或电缆，室内配线所用导线或电缆的截面应根据用电设备或线路的计算负荷确定，但铜线截面不应小于 1.5 mm²，铝线截面不应小于 2.5 mm²。

2.敷设方式及要求

施工现场临时用电线路的敷设方式主要有架空线敷设和电缆敷设两种。

架空线相序的排列顺序为：当动力、照明线在同一横担上架设时，导线相序排列顺序为面向负荷从左侧起依次为 L_1、N、L_2、L3、PE；当动力线、照明线同杆架设在上下两层横担上时，上层横担面向负荷从左至右依次为 L_1、L_2、L_3；下层横担面向负荷从左至右依次为 L（L_1、L_2、L_3）、N、PE。架空线路与邻近线路或固定物满足安全距离。

电缆线路应采用埋地或架空敷设。当采用架空敷设时，其固定处要可靠，固定点间距应保证能够承受电缆本身的重量；应沿电杆、支架或沿墙敷设，不得沿树木、屋面敷设；严禁沿脚手架敷设，防止风吹线摆，损伤绝缘保护层；严禁沿地面明敷设，避免机械损伤和介质腐蚀。当实行电缆埋设时，埋地深度不应小于 0.7 m，并在电缆紧邻上下、左右侧，均匀敷设不小于 50 mm 厚的细砂，然后覆盖砖或混凝土板等硬质保护层。电缆接头设在地面的接线盒内，接线盒应能防水、防尘、防机械损伤，并远离易燃、易爆、易腐蚀场所。

对于室内配线，应根据配线类型，采用瓷瓶、瓷（塑料）夹、嵌绝缘槽、穿管或钢索敷设。对于潮湿场所或埋地非电缆配线，必须穿管敷设，管口和管接头应密封；当采用金属管敷设时，金属管必须做等电位连接，且必须与 PE 线相连接。室内非埋地明敷主干线距地面的高度不得小于 2.5 m，架空进户线的室外端应采用绝缘子固定，在过墙处应进行穿管保护，距地面高度不得小于 2.5 m，并应采取防雨措施。

（三）配电装置

配电装置是指施工现场用电工程配电系统中设置的总配电箱（配电柜）、分配电箱和开关箱，通过这些装置，实现电源隔离，正常接通与分断电路。配电装置具有过载、短路与漏电保护功能。

1.总配电箱

总配电箱应装设三类电器，即电源隔离电器、短路与过载保护电器及漏电保护电器。其配置次序从电源端开始，依次是电源隔离电器、短路与过载保护电器、漏电保护电器，顺序不可颠倒。隔离开关应设置于电源进线端，分断时应具有可见分断点，并能同时断开电源所有极。石板闸刀开关、HK 型闸刀开关、瓷插式熔断器不得作为隔离开关使用，应推广采用透明外壳，并具有隔离、过载、短路及漏电保护功能的组合电器，如透明壳式漏电断路器（DZ15/20LE40T/100T 型）。在实际应用中，有些总配电箱直接用有透明盖和隔离功能的断路器。

由于施工工地的电气设备和临时线路易受损伤而发生接地故障，因此有必要安装 2～3 级的剩余电流保护器（RCD）。

2.分配电箱

分配电箱的电器配置依次是隔离电器、短路与过载保护电器，顺序不可颠倒。隔离开关应设置于电源进线端。在二级漏电保护的配电系统中，不要求在分配电箱中设置漏电保护电器。

3.开关箱

开关箱的电器配置与接线要与用电设备负荷类别相适应，每台用电设备必须有各自专用的开关箱，严禁用同一个开关箱直接控制 2 台及 2 台以上的用电设备（含插座）。

在配电箱的电器安装板上必须分设 N 线端子板和 PE 线端子板，并做符号标记，严禁合设在一起，避免混接、混用。N 线端子板、PE 端子板的接线端子数应与箱的进线和出线的总路数保持一致。N 线端子板必须与金属电器安装板绝缘，PE 线端子板必须与金属电器安装板做电气连接。进出线中的 N 线必须通过 N 线端子板连接，PE 线必须通过 PE 线端子板连接。金属箱门与金属箱体必须采用编织软铜线。配电箱、开关箱内的连接线应采用铜芯绝缘导线。

二、施工用电设备安全

由于施工现场的用电设备与施工作业人员接触密切、频繁，以及施工现场露天作业的生产条件，使得用电设备工作环境繁杂、多变，易发生电击事故，因此安全使用用电设备，是防止电气事故发生的重要因素。施工现场的用电设备基本上可分为三大类，即电动机械、电动工具和照明器，下面主要对前两项进行介绍。

电动机械根据其功能可以分为起重机械（塔式起重机、外用电梯、物料提升机等）、桩工机械（潜水式钻孔机、潜水电动机等）、混凝土机械（混凝土搅拌机、振动器等）、钢筋加工机械（切断机、调直机等）、木工机械（电锯、电刨等）、焊接机械（弧焊机、对焊机等），以及其他电动建筑机械（抹光机、切割机、水磨石机、水泵等）。

大多数电动机械受施工现场及环境影响较大，作业环境潮湿、现场杂乱、作业变化大等情况易导致电动机械的绝缘老化、损坏，从而出现漏电、短路、过载等现象。其电气安全技术措施主要有 PE 线保护、漏电保护和短路与过载保护等，同时应加强日常的检测与维护。要保证这些技术措施具备可行性、可靠性和有效性，必须遵循相关标准和要求，确保从安全装置的选型、动作参数的确定，到安全装置的安装、使用、检查、检修等整个流程的协同配合。

在多层及高层建筑施工过程中，其周边的起重机、井字架、龙门架、钢脚手架以及外用电梯等设备高度突出，容易受到直击雷的威胁。因此，必须对这些设备进行防雷接地。为防雷电感应，应装设 SPD，当采用架空电缆进线时，SPD 一般装设在电缆头附近，且将其接地端与电缆金属外皮相连。在配电箱（屏柜）内，应在开关的电源侧与外壳之间装设 SPD。

潜水式钻孔机应选择 IP68 级的电动机，以适应钻孔机浸水的工作条件，使电动机不因漫水而漏电。开关箱中的漏电保护电器要符合潮湿场额定漏电动作电流不大于 15 mA 的要求，在使用前后均应检查其绝缘电阻（应大于 0.5 MΩ）。潜水电动机的负荷线应采用防水橡皮护套铜芯软电缆，内含 PE 线，长度不应小于 1.5 m，不得有接头，电缆护套不得有裂纹和破损。在潜水电动机入水、出水、移动时，不得拽拉负荷线电缆，在任何情况下都不得使其承受外力。

夯土机械、混凝土机械因其振动性强，应注意的主要安全问题是防振、防潮、防高温、防漏电。夯土、混凝土机械的金属外壳与 PE 线的连接点必须可靠，连接点不得少于两处，漏电保护必须满足潮湿场所的要求。

电动工具包括电钻、冲击钻、电锤、切割机、砂轮等。电动工具一般都是手持式的，所选用的工具类别要与使用场所相适应。在潮湿场所或金属构架上操作时，严禁使用 I 类手持式电动工具。在狭窄场所（锅炉、金属容器、地沟、管道内等）作业时，必须选用由安全隔离变压器供电的 I 类手持式电动工具。现场检查这些设备自身的安全保护及联锁装置的有效性、PE 线的完好性、漏电保护电器的可靠性、设备及线路绝缘状况的符合性、设备操作者的程序正确性，以消除设备运行本身的隐患和操作者的不安全行为两方面的影响，达到防止触电事故发生的目的。

三、施工现场用电常见安全隐患及防范

（一）临时用电施工组织设计缺乏指导意义

一是临时用电施工组织设计的编制往往仅为了投标或应付安全检查而草率完成，甚至直接套用其他工程的资料，导致编制与审核管理过程形式化。这种做法使得施工现场的线路与设备布局不合理，用电设备与器具的选型不规范，从而为施工现场临时用电安全埋下了隐患。

二是编制的"临电设计"缺乏实际指导意义，未能根据施工项目的特定需求制定相应的安全用电与电气防火措施。相反，设计中大量引用《建筑与市政工程施工现场临时用电安全技术标准》的条款，或直接复制其他工程的安全用电与电气防火措施，未能体现出针对性和适应性。

三是对外电线路的防护措施、配电箱的安装位置选择及固定方式、流动电箱的防雨防尘措施、接地装置的做法等只字不提。在施工现场总负荷需求量计算上存在问题，未考虑每台用电设备的工作性质，这将直接影响供电运行的质量和安全。例如，没有根据现场规模大小和设备情况配置 RCD，常常是用大容量断路器去保护小容量设备，在形式上按照规范在做，实则使系统内隐患重重，难以保证施工安全。

因此，对于临时用电设备在 5 台及以上或设备总容量在 50 kW 及以上的施工项目，最好配备专业电气工程师，严格履行"编制、审核、批准"程序，由电气工程技术人员组织编制临时用电施工组织设计，经相关部门审核及具有法人资格的企业技术负责人批准后实施。

（二）施工用电不规范

一是施工现场的配电箱经常出现一个开关下接多条电缆的现象，手持式电动工具、水泵、振捣器"多机"接"一闸"的现象，其主要弊病是"多机"中的设备有的在运行、有的处于停机状态。对于运行的设备，"一闸"无法对它们起到短路、过电流等保护作用，用电设备前端的开关是根据这台设备的额定容量来选择的。同时，一台设备由于故障引起开关动作，会影响到其他设备的正常运行。另外，对于停机的设备，"一闸"处于开电状态，容易引起停机设备误动作，或者检修人员无法对停机设备及其线路进行检修。

二是配电箱不规范，未使用标准配电箱，或配电箱安装位置不当，引入线路和引出线路不符合要求或混乱。例如，箱体内引出线摆放随意，有的从侧面进入箱体，有的直接从箱门口进入箱体；部分箱内无隔离开关；违规使用木质开关箱；开关箱就地放置，开关箱无盖或为检修方便而卸下盖。

三是线路架设不符合要求，如电线电缆拖地敷设，沿地面明敷设，尤其是临时照明电缆拖地、切割机电缆拖地、焊接电缆拖地等。对于穿过施工现场的外电线路，未进行必要的加高防护，当施工机械穿越时，时有事故发生。

四是施工现场的电源线隐患多，主要表现在电源线破损、绝缘老化、接头多，私拉乱接电源线超长，极可能造成漏电、短路等电气事故。

（三）安全保护装置及措施不规范

一是漏电保护电器参数不匹配、接线错误，导致误动作或拒动作，失去其保护作用。例如，桩基控制箱、塔吊专用开关箱、人货两用电梯专用开关箱中的漏电保护电器额定动作电流过大，为 75 mA 至 200 mA 不等，或不装漏电保护电器。

二是相线、工作零线、保护零线混用，存在人员触电或设备烧坏的隐患。一些施工现场的非持证电工人员或不负责任的电工人员将相线、工作零线、保护零线错接或乱接，一旦使用不当，将会导致人员触电或设备烧坏。N 线的绝缘颜色为淡蓝色；PE 线的绝缘颜色为绿/黄双色，在任何情况下，上述颜色标记都不能混用和互相代用。

三是接地保护常常被忽视。施工现场的专用变压器基本都是 TN-S 系统，多数工地的设备金属外壳往往未做接零保，配电箱和设备外壳的重复接地要么是没有做，要么就是做了但不合格，如导线截面积不够或者接地极打入地下深度不够，仅仅是为了应付检查。

（四）电焊施工隐患

电焊施工的隐患如下：未按规定进行保护接地；一次线或二次线超长；电源线破损；交流电焊机不装二次空载降压保护装置，或装了保护器但线路短接，未起到保护作用；电焊机的电缆线使用中间有接头的导线；焊接电缆线横过马路或通道时，未采取保护措施。

（五）手持式电动工具使用存在隐患

手持式电动工具的应用较广泛，但因其移动较多、振动较大，容易发生漏电及其他故障。在使用过程中，其常见的隐患如下：在使用 I 类工具时未采取安全措施；在使用 I 类工具时人为拆除接地保护；电源线破损、超长等；未定期对振动设备或在潮湿场地工作的设备进行绝缘电阻测试，未对保护零线进行连续性检查。

对于施工现场使用的振动机、磨石子机、打夯机、手电钻、砂轮机、切割机等工具，应在管理、使用、检查、维护上给予特别重视。如果使用 I 类工具，必须采用其他安全保护措施，如漏电保护电器、安全隔离变压器等。否则，使用者必须佩戴绝缘手套，穿绝缘鞋或站在绝缘垫上。Ⅰ类工具的电源线必须采用三芯（单相工具）或四芯（三相工具）多股铜芯橡皮护套软电缆或护套软线。其中，绿/黄双色线在任何情况下都只能用作保护接地或接零线。

（六）行灯未使用安全电压

行灯是在施工中常用的手提式电器，其电源线经常移动，容易受到磨损、压伤，也易受高温、潮湿和腐蚀性介质的损害。在施工现场检查中发现，有的施工人员使用 220 V 普通照明灯，一旦电源线磨损，电线裸露或灯泡破碎，就有可能造成触电事故。

因此，规定行灯电源的电压应不大于 36 V；灯体与手柄应坚固，绝缘良好并耐热耐潮湿；灯头与灯体应结合牢固，灯头无开关；灯泡外部有金属保护网；电源线应使用有护套的双芯线。

（七）电气线路施工不规范

在敷设电气管路时，没有与土建工程的进度协调一致，不能确保预埋管路的准确性，这会导致穿线困难，即使勉强穿过去，也容易破坏导线的绝缘层，潮气易浸入有裂缝的管子，降低绝缘强度。

敷设的管路不符合施工工艺要求，导致穿线时导线绝缘损伤或敷设线路被腐蚀，甚至造成线路短路。

导线色标不规范，使相序混乱，给施工和检修带来麻烦，易造成电气事故。PE 线应采用黄绿颜色相间的绝缘导线，N 线宜采用淡蓝色绝缘导线。为了保证施工安全和方便，穿入管内的干线可以不分色，但线管口至配电箱、盘总开关的一段干线回路及各用电支路，应按色标要求分色。

插座的接线应符合如下要求：对于单相两孔插座，面对插座的右孔或上孔与相线相接，左孔或下孔与零线相接；对于单相三孔插座，面对插座的右孔与相线相接，左孔与零线相接；单相三孔、三相四孔插座的接地线或接零线均应接在上孔，插座的接地端子不应与零线端子直接连接。

在接线时，开关应控制相线，否则即使开关断电，也是断零线，不断相线，容易引发触电事故。照明配电箱内闸具未标明回路名称，会给使用和检修带来不便，若是误合不该合的闸，容易引发安全事故。配电箱（板）内的导线不按色标穿线，在使用单相电路时，由于不容易辨认三相电源，就很难将负载均衡，造成三相不平衡，而在使用三相设备时，由于没有色标，在接线时容易将相序混接，在有的设备运行需要固定转向时，又不好把握其旋转的方向。照明配电箱（板）内应分别设置 N 线和 PE 线汇流排，N 线和 PE 线应在汇流排上连接，并应有编号。

第六章 电气线路安全运行管理

电气线路的功能是完成电能的输送与分配，除了满足其传输电能所需的基本条件之外，还要保证在传输过程中避免电气线路故障危害人或导致漏电、火灾等事故。因此，确保电气线路的安全运行，首先应对其进行安全设计，合理选择导线。其次，在运行过程中，应加强检查、检测，及时发现并排除电气线路隐患。

第一节 电气线路的种类

电气线路的分类方式有很多，按照电压等级，可分为超高压线路、高压线路和低压线路；按照其敷设方式，可分为架空线路、电缆线路、穿管线路等；按照其性质，可分为母线、干线和支线；按照其敷设地点，可分为户外线路和室内线路。下面以敷设地点分类，对电气线路进行介绍。

一、户外线路

户外线路主要包括架空线路和电缆线路。

（一）架空线路

凡是档距超过 25 m，利用杆塔敷设的高低压电力线路，都属于架空线路。架空线路具有成本低、投资少、安装容易、维护和检修方便、易于发现和排除故障等特点，所以架空线路的应用较为广泛。

1.组成

架空线路主要由导线、杆塔、横担、拉线、线路绝缘子、金具等组成。

导线是架空线路的主体部分,其担负着传输电能的任务。因其架设在杆塔上,所以要承受自身重力和各种外力(如风力)的作用,同时还要承受大气中各种有害物质的侵蚀。因此,导线必须具有良好的导电性,还要有一定的机械强度和耐腐蚀性。在施工的过程中,多采用钢芯铝绞线、硬铜绞线、硬铝绞线和铝合金绞线。由于铝导线容易受碱性物质的侵蚀,因此在腐蚀性强的场所,应采用铜导线。

杆塔是支持导线的支柱,也是架空线路的重要组成部分。杆塔要有足够的机械强度,同时尽可能经久耐用、价廉、便于搬运和安装。杆塔按其采用的材料,可分为木杆、水泥杆和铁塔等。其中,由于木材资源稀缺和承载力小,木杆逐步被水泥杆和铁塔替代。水泥杆经久耐用、不受气候影响,不易腐蚀、维护简单,应用最为广泛,按其在架空线路中的功能和地位,可分为直线杆、分段杆、跨越杆、转角杆、分支杆、终端杆等。

直线杆(塔),又称为中间杆或过线杆,用在线路的直线部分,主要承受导线重量和侧面风力,但不能承受线路方向的拉力。直线杆的杆顶结构较简单,一般不装拉线,直线杆占全部杆塔数的80%以上。

分段杆,也称为耐张杆,位于线路直线段上的几个直线杆之间。为了限制倒杆或断线的事故范围,需要把线路的直线部分划分为若干段,在其两侧安装分段杆。分段杆除了承受导线重量和侧面风力外,还要承受邻档导线拉力差所引起的沿线路方面的拉力。为了平衡拉力,通常在其前后方各装一根拉线。

跨越杆位于线路跨越铁路、公路、河流等处,是高大、加强的耐张型杆。

转角杆位于线路改变方向的地方,转角杆的结构随线路转角不同而不同。当转角小于15°时,可用原横担承担转角合力;当转角为15°~30°时,可用两根横担,在转角合力的反方向装一根拉线;当转角为30°~45°时,除了用双横担外,两侧导线应用跳线连接,在导线拉力反方向各装一根拉线;当转角为45°~90°时,用两对横担构成双层,两侧导线用跳线连接,同时在导线拉力反方向各装一根拉线。

分支杆位于分支线路连接处,在分支杆上应装设拉线,用来平衡分支线拉力。分支杆按照其结构,可分为丁字分支和十字分支两种。丁字分支是在横担下方增设一层双横担,以耐张方式引出分支线;十字分支是在原横担下方设两根互成90°的横担,然后引出分支线。

终端杆位于导线的首端和终端,承受导线的单方向拉力,为了平衡拉力,需要在导线的反方向装设拉线。

横担是杆塔的重要组成部分,是电线杆顶部横向固定的角铁,上面有瓷瓶,用来支撑架空电线。横担是用来安装绝缘子及金具的,以支撑导线、避雷线,并使之按规定保持一定的安全距离。按其用途,可分为直线横担、转角横担和耐张横担。按其材料,可分为木横担、铁横担、瓷横担和合成绝缘横担。木横担具有良好的防雷性能,但易腐朽,使用时应做防腐处理。铁横担坚固耐用,但防雷性能不好,应进行防锈处理。瓷横担是绝缘子与普通横担的组合体,结构简单,安装方便,电气绝缘性能也比较好,但瓷质较脆,机械强度较差。

拉线是为了平衡杆塔各方面的作用力,并抵抗外力,防止杆塔倾倒而安装的。例如,终端杆、转角杆、分段杆等往往都装有拉线。

线路绝缘子,又称为瓷瓶,用来将导线固定在杆塔上,并使导线与杆塔绝缘。因此,绝缘子既要具有一定的电气绝缘强度,又要有足够的机械强度。线路绝缘子主要分为针式绝缘子、蝶式绝缘子、悬式绝缘子、陶瓷横担绝缘子和拉紧绝缘子等。为确保线路安全运行,不应采用有裂纹、破损或表面有斑痕的绝缘子。

金具是用来连接导线、安装横担和绝缘子等器件的金属附件。金具种类繁多,用途各异。例如,安装导线用的各种线夹,以及组成绝缘子串的各种挂环等都属于金具。

此外,架空线路还包括架空地线、接地装置及基础装置等。

2.敷设

架空线路的敷设要严格遵守有关技术规程的规定,在选择架空线路的路径时,应注意以下原则:

(1)路径短,转角少。

(2)交通运输方便,便于施工架设和维护。

(3)应尽量避开河洼和雨水冲刷地带,以及易撞、易燃、易爆等场所。

(4)不应引起机耕、交通和行人困难。

(5)应与建筑物保持一定的安全距离。

(6)应与工厂和城镇的建设规划协调配合,并适当考虑今后的发展。

(二)电缆线路

电缆是由导线、绝缘层、保护层等构成的。导线是传输电能的介质,由铜或铝的单股线或多股线构成,通常用多股线;绝缘层使导线与导线、导线与保护层相互绝缘,绝缘材料有橡胶、沥青、聚乙烯、聚氯乙烯、棉、麻、绸、油浸纸、矿物油、植物油等；保护层保护绝缘层，有防止绝缘油外溢的作用，分为内护层和外护层。电缆线路与架空线路相比，具有成本高、投资大、检修不便等缺点，但是它具有不易受外界影响、不需架设杆塔、占地少、供电可靠、极少受外力破坏、对人身安全等优点。在现代化企业中，电缆线路得到了广泛应用，特别是在有腐蚀性气体或易燃、易爆的场所中的应用最为广泛。

1.组成

电缆线路主要由电缆和电缆头组成。

电缆分为油浸纸绝缘电缆、交联聚乙烯绝缘电缆和聚氯乙烯绝缘电缆等。电缆主要由导线芯线、绝缘层和保护层组成。芯线分铜芯和铝芯两种，绝缘层分浸渍纸绝缘、塑料绝缘、橡皮绝缘等。保护层分内护层和外护层。内护层分铅包、铝包、聚氯乙烯护套、交联聚乙烯护套、橡套等；外护层分为黄麻衬垫、钢铠、防腐层等。此外，在考虑线芯材质时，一般情况下应按"节约用铜"的原则，尽量选择铝芯电缆。但是，在下列情况下，电缆应采用铜芯：

（1）振动剧烈，有爆炸危险或对铝有腐蚀的工作环境。

（2）安全性、可靠性要求高的重要回路。

（3）耐火电缆及紧靠高温设备的电缆。

电缆头主要分为电缆终端头和电缆中间接头。

电缆线路两端与其他电气设备连接的装置称为电缆终端头。按其使用条件，可分为户内电缆终端头和户外电缆终端头；按其工作电压，可分为 1 kV 电缆头、10 kV 电缆头、35 kV 电缆头；按其安装材料，可分为热缩电缆终端头和冷缩电缆终端头。电缆终端头应根据现场运行情况，每隔 1～3 年停电检查一次；户外电缆终端头每月巡视一次，每年 2 月及 11 月进行停电清扫检查。

检查的内容如下：绝缘套管应完整、清洁、无闪络放电痕迹，附近无鸟巢；连接点接触良好，无发热现象；绝缘胶有无塌陷、软化和积水；终端头是否漏油，铅包及封铅有无电裂；芯线、引线的相间及对地距离是否符合规定，接地线是否完好；相位颜色是否明显，是否与电力系统的相位相符。

连接电缆与电缆的导体、绝缘屏蔽层和保护层，以及电缆线路连接的装置，称为电缆中间接头。电缆中间接头主要有铅套中间接头、铸铁中间接头和环氧树脂中间接头。

实践表明，电缆头是整个电缆线路的薄弱环节，电缆线路的大部分故障都发生在电缆头上，其主要表现在电缆头本身的缺陷和安装不当造成的短路，并引发电缆头爆炸等事故。因此，对于电缆头的要求非常高，如密封好、耐压强度不应低于电缆本身的耐压强度，要有足够的机械强度等。

2.敷设

常见的电缆敷设方式有直接埋地敷设、电缆沟敷设、电缆桥架敷设、电缆隧道敷设等。电缆可敷设在电缆沟或电缆隧道中，也可按规定的要求直接埋入地下。直接埋在地下的方式容易施工，散热良好，但检修、更换不方便，不能可靠地防止外力损伤，而且容易受到土壤中酸、碱物质的腐蚀。

选择电缆敷设路径时，应考虑以下原则：

（1）避免电缆遭受机械性外力、腐蚀的危害。

（2）在满足安全要求的前提下，应使得电缆较短。

（3）便于施工维护。

（4）应避开将要挖掘施工的地方。

敷设电缆一定要严格遵守相关技术规程和法律法规的规定，竣工后要进行检查和验收，以确保线路的质量。

电缆在敷设以前，要根据设计要求检查电缆的型号、绝缘情况和外观是否完好。当采用直埋和水下敷设方式时，应在直流耐压试验合格后才可敷设。

三相系统中使用的单芯电缆，应组成紧贴的正三角形排列（充油电缆和水下电缆除外），以减少损耗，每隔 1～1.5 m，应用绑带扎紧，避免松散。

在三相五线制系统中，不允许采用三芯电缆外加一根单芯电缆或电线，甚至直接利用三芯电缆的金属护套等作中性线的方式。否则，当三相电流不平衡时，相当于单芯电缆的运行状况，容易引起工频干扰；对铠装电缆来说，则会使铠装发热，甚至导致绝缘的热击穿。

对于并列运行的电缆，其型号和长度应相同，以免因导电线芯的直流电阻不同造成载流量分配不均。

在运输、安装或运行中，应严格防止电缆扭伤和过度弯曲，电缆的最小允许弯曲半径应满足相关技术要求。

在有比较严重的化学或电化学腐蚀区域，直埋电缆除应采用具有黄麻外被层的铠装电缆或塑料电缆，此外还应增加防腐措施。

油浸纸绝缘电缆线路的高度差不应超过 20 m，否则，应选用不滴流电缆或塑料电缆。

在敷设电缆时，应留出足够的备用长度（一般为 1%～1.5%），以备补偿因温度因素所引起的变形。在易发生位移的地方（如沼泽等），直埋备用段应不少于 1.5%～2%。在保护管的出（入）口处，也应留有 3～5 m 的备用段，以备检修时使用。

在敷设电缆前的 24 h 内，如果电缆的存放处及敷设现场的平均温度低于允许数值，此时不宜施工。如有特殊情况必须施工，应将电缆预先加热，使电缆从开始施工至敷设完毕，电缆线芯和外皮温度均保持在 5 ℃以上，否则应进行二次加热。

水平敷设的电缆支架间的距离不得大于 1 m，操作电缆不得大于 0.8 m，垂直敷设的电缆两个固定点间的距离不得大于 2 m。

当油浸纸绝缘电缆切断后，应将其两头立即铅封；当橡皮绝缘和塑料绝缘电缆切断后，应用热缩封帽或塑料绝缘自黏带严密封好，以防潮气侵入。

电缆接头的布置应符合下列要求：

在并列敷设电缆时，接头应前后错开。明敷电缆的接头应用托板托起，并用防弧隔板与其他电缆隔开，以缩小由接头故障引起的事故范围，托板及隔板应伸出电缆接头两侧各 0.6 m 以上。直埋电缆接头应加装保护壳。

在敷设电缆时，不宜交叉；电缆应排列整齐，并加以固定；及时装设标志牌，标志牌应装设在电缆接头、隧道和竖井的两端及入井内，标志牌上应标注电缆线路的编号或电缆型号、电压、起讫地点及接头制作日期等内容。

电缆进入电缆隧道、沟、井、建筑物、盘（柜）以及穿入管子时，出入口应封闭，管口应密封。这对于防火、防水及防止小动物进入而引起电气短路事故，是极为重要的。对于从地下引至地上的明敷电缆，应在地面以上 2 m 内加装保护管。

在敷设电缆时，应从盘的上端引出电缆，避免电缆在支架上摩擦拖拉。电缆上不应有未消除的机械损伤，如铠装压扁、电缆绞拧、护层折裂等。

在电缆隧道、沟内敷设电缆时，不应破坏其防水层。当采用机械敷设电缆时，其牵引强度不应超过相关规定的数值。

二、室内配电线路

室内配线一般指建筑物内部（包括与建筑物相关联的外部位）的电气敷设，主要可分为绝缘导线、母线及室内电缆线等。

（一）绝缘导线

绝缘导线按芯线材料分类，有铜芯和铝芯两种；按绝缘材料分类，有橡皮绝缘和塑料绝缘两种。塑料绝缘导线的绝缘性能好，耐油和抗酸碱腐蚀，价格较低，且可节约大量橡胶和棉纱，因而在室内明敷和穿管敷设中应优先选用塑料绝缘导线。由于塑料绝缘导线在低温时容易变硬发脆，高温时又易软化，因此室外敷设宜优先选用橡皮绝缘导线。

绝缘导线的敷设方式分为明敷设和暗敷设两种。明敷设是指导线在线管、线槽等保护体内，敷设于墙壁、顶棚表面及桁架、支架等处；暗敷设是指导线在线管、线槽等保护体内，敷设于墙壁、顶棚、地坪及楼板等内部，或者敷设在混凝土板孔内。

绝缘导线的敷设，应符合有关规定：

①线槽布线及穿管布线的导线中间不许直接接头，接头必须经专门的接线盒。

②穿金属管或金属线槽的交流线路，应将同一回路的所有相线和中性线（如有中性线时）穿于同一管、槽内。如果只穿部分导线，线路电流不平衡而产生交流磁场作用于金属管、槽，会在金属管、槽内产生涡流损耗，钢筋还将产生磁滞损耗，使管、槽发热，导致导线过热，甚至可能烧毁。

③当电线管路与热水管、蒸汽管同侧敷设时，应敷设在这些管道的下方；当施工有困难时，可敷设在其上方，但相互间距应适当增大或采取隔热措施。

（二）母线

车间内的配电导线大多采取硬母线的结构，其截面有圆形、管形和矩形等，其材质有铜、铝和钢。其中，以采用 LMY 型硬铝母线最为普遍。现代化的生产车间大多采用封闭式母线，又称插接式母线。封闭式母线安全、灵活、美观，但耗用钢材较多，投资较大。

（三）室内电缆线

室内电缆线的布线方式包括在室内沿墙及建筑构件明敷设以及穿金属管埋地暗敷设。

在室内中，应优先选择明敷设方式，同时确保电缆不带有黄麻或其他易燃的外护层。

将相同电压的电缆并列明敷时，电缆的净距不应小于 35 mm，且不应小于电缆外径；当在桥架、托盘和线槽内敷设时，不受此限制。

1 kV 及以下的电缆及控制电缆与 1 kV 以上的电缆宜分开敷设，当并列明敷时，其净距不应小于 150 mm。

对于无铠装的电缆，应在室内明敷，当水平敷设时，其至地的距离不应小于 2.5 m；当垂直敷设时，其至地的距离不应小于 1.8 m。当不能满足上述要求时，应有防止电缆机械损伤的措施；当电缆在配电室、电机室等专用房间内明敷时，不受此限制。

预分支电缆是工厂在生产主干电缆时按用户设计图纸预制的电缆。它是适用于现代高层建筑和现代化工厂的一种新型垂直主电缆，是近年来的一项新技术产品。预分支电缆的截面大小和长度等根据设计要求决定，极大地缩短了施工周期，大幅度减少了材料费用和施工费用，极大地保证了配电的可靠性。

预分支电缆由主干电缆、分支线、起吊装置组成，分为普通型、阻燃型、耐火型。预分支电缆是高层建筑中母线槽供电的替代产品，它具有供电可靠、安装方便、施工周期短、占建筑面积小、故障率低、价格低、免维修维护等优点，适用于交流额定电压为 0.6/1 kV 配电线路。

同时，它也有其不足，如引出的容量一旦确定后就难以更改，各支点的尺寸一定要比较准确，电缆载流量只能做到 1 000 A 左右等。但总体来看，预分支电缆仍是一种省钱（工程造价约为母线槽的 50%～70%）、省力、安全可靠的供电干线形式。预分支电缆已在世界上多数国家和地区的建筑行业中被广泛采用，广泛应用于高层建筑、住宅楼、商厦、宾馆、医院电气竖井内的垂直供电，也适用于隧道、机场、桥梁、公路等建（构）筑的供电系统。

第二节 电气线路安全运行条件

电气线路安全基本要求、常见故障检查和巡视检查是电气线路满足供电可靠性的重要保证，也是电力系统安全运行的重要组成部分，同时还应该满足经济指标的要求和相关的维护管理方便的要求。本节主要介绍电气线路安全运行的基本要求、线路防护及其管理等方面的内容。

一、导电能力

导线的导电能力应符合发热、电压损失和短路电流要求。

（一）发热

各种导线在某一特定环境温度下，其发热量都有限制，目的是防止线路过热、绝缘老化，保证线路正常工作。一般来说，导线运行最高温度不得超过下列限值：橡皮绝缘线为 65℃；塑料绝缘线为 70℃；裸线为 70℃；铅包或铝包电缆为 80℃（除了防止绝缘老化外，还要防止热胀冷缩形成的气泡）；塑料电缆为 65℃。

（二）电压损失

由于线路存在着阻抗，所以电能在线路传输的过程中会产生电压损失。电压损失用线路的端电压 U_1 和末端电压 U_2 的代数差与额定电压比值的百分数来表示。有些手册上把其定义为电压变化率，符号为 ΔU。

$$\Delta U = \frac{U_1 - U_2}{U_1} \times 100\%$$

式中，U_1 为线路的端始电压，单位为 V；U_2 为线路的某端电压，单位为 V。

线路上的电压损失会导致设备所使用的实际电压与额定电压之间存在偏移，若偏移值超过了规定范围，将会使电气设备无法正常工作。电压太高将导致电气设备的铁芯磁通量和照明线路电流增大；电压太低可能导致接触器等吸合不牢，吸引线圈电流增大；对于恒功率输出的电动机，电压太低也将导致电流增大；过分低的电压还可能导致电动机堵转。以上这些情况都将导致电气设备损坏和电气线路发热。

我国有关标准规定，高压配电线路的电压损耗一般不超过线路额定电压的±5%；从变压器低压侧母线到用电设备受电端的低压线路的损耗，一般不超过用电设备额定电压的±5%；对视觉要求较高的照明线路，则为-2.5%～+5%。如果线路的电压损失值超过了允许的范围，则应适当加大导线的截面积。纯电阻性负载（如照明、电热设备等）的电压损失计算公式，可用下式来计算：

$$\Delta U = \frac{\sum_{i=1}^{n} P_{ci} L_i}{CS}$$

导线截面积计算公式如下：

$$S = \frac{\sum\limits_{i=1}^{n} P_{ci} L_i}{C\Delta U\%} = \frac{\sum\limits_{i=1}^{n} M_i}{C\Delta U\%}$$

式中，S 为导线截面积，单位为 mm^2；

$\sum\limits_{i=1}^{n} P_{ci}$ 为待选导线上的负载总计算负荷（单相或三相），单位为 kW；

L_i 为导线长度（指单程距离），单位为 m；

$\Delta U\%$ 为电压变化率允许的电压损失；

M_i 为负荷矩，单位为 kW·m；

C 为由电路的相数、额定电压及导线材料的电阻率等决定的常数，称为电压损失计算常数。

感性负载（如电动机等）选择截面积的计算公式如下：

$$S = B\frac{\sum\limits_{i=1}^{n} P_c L}{C\Delta U\%} = B\frac{\sum M}{C\Delta U\%}$$

式中，B 为校正系数。

（三）短路电流

当导体通过正常的负荷电流时，由于导体具有电阻，因而会在线路上产生电能损耗，并产生热能，一方面导体的温度上升，另一方面导体向周围介质散热，最终导体产生的热与其向周围散失的热相等，达到一个稳定状态，称此时的状态为热平衡或热稳定状态，此时导体温度也维持在一个恒定的值上。但是当线路发生短路时，极大的短路电流会使导体的温度迅速上升。而在速断保护装置的保护下，在 2～3 s 内可以迅速切断短路故障。在这 2～3 s 内，导体对外的散热可以不考虑，即近似地认为导体在短路时间内是与周围介质绝热的。

二、机械强度

运行中的导线将受到自重、风力、温度变化的热应力、电磁力和覆冰重力的作用。因此，必须保证足够的机械强度。

应当注意的是，移动式设备的电源线和吊灯引线必须使用铜芯软线，而除穿管线之外，其他形式的配线不得使用软线。

三、线路防护

由于传输电能的线路处于各种恶劣的环境中，因而它们应有足够的防护能力。在敷设线路时，防护措施应根据不同环境和敷设方式而定。

四、导线连接

（一）原则

导线有焊接、压接等多种连接方式。导线连接必须紧密。原则上，导线连接处的机械强度不得低于原导线机械强度的 80%；绝缘强度不得低于原导线的绝缘强度；接头部位电阻不得大于原导线电阻的 1.2 倍。

（二）导线连接方法

用电工刀剖削塑料硬线绝缘层，应注意以下方面：

①在需剖削线头处，用电工刀以 45°角倾斜切入塑料绝缘层，要注意刀口不能伤着线芯。

②刀面与导线保持 25°角左右，用刀向线端推削，只削去上面一层塑料绝缘，不可切入线芯。

③将余下的线头绝缘层向后扳翻，剥离绝缘层以露出线芯，然后再用电工刀切齐。

塑料护套线绝缘层的剖削，应注意以下方面：

①在线头所需长度处，用电工刀的刀尖对准护套线中间缝隙处划开护套线。若偏离

缝隙处，电工刀可能会划伤线芯。

②向后扳翻护套层，用电工刀把它齐根切去。

单股铜芯导线的直线连接，应注意以下方面：

①将去除绝缘层及氧化层的两根导线的线头成 X 形相交，互相绞绕 2～3 圈。

②扳直两线头。

③将每根线头在芯线上紧贴并绕 6 圈，将多余的线头用钢丝钳剪去，并钳平芯线的末端及切口毛刺。

单股铜芯导线的 T 形分支连接，应注意以下方面：

①将去除绝缘层及氧化层的支路线芯的线头与干线线芯十字相交，使支路线芯根部留出 3～5 mm 裸线。

②将支路线芯按顺时针方向紧贴干线线芯密绕 6～8 圈，用钢丝钳切去余下线芯，并钳平线芯末端及切口毛刺。

还要特别注意的是，铜导体与铝导体的连接，如没有采用铜铝过渡段，经过一段时间的使用之后，很容易松动。因此，在潮湿场所、户外及安全要求高的场所，铝导体与铜导体不能直接连接，必须采用铜铝过渡段。对于运行中的铜、铝接头，应进行检查和紧固。

五、线路管理

无论是室内电力线路，还是室外电力线路，常年运行都会遇到各种问题，如线路绝缘老化、小动物啃咬、风吹日晒、人为破坏等。因此，对于电力线路，应该建立巡视、检查、清扫、检修等制度。此外，还应形成必要的资料和文件，如施工图、试验记录等。对于临时线，应建立相应的管理制度。例如，安装临时线应有申请、审批手续，临时线应有专人负责管理，应有明确的使用地点和使用期限等。

装设临时线，必须首先考虑安全问题，应满足基本安全要求。例如，移动式三相临时线必须采用四芯橡套软线，单相临时线必须采用三芯橡套软线，长度一般不超过 10 m。临时架空线离地面高度不得低于 4 m，离建筑和树木距离不得小于 2 m，长度一般不超过 500 m，对于必要的部位应采取屏护措施等。

第三节 电气线路的安全设计

一、负荷计算

（一）计算负荷的意义与目的

计算负荷是供配电设计过程中一个非常重要的概念，它是一个假想负荷，其目的就是按照允许发热条件，选择供配电系统的导线截面积，确定变压器容量，制定提高功率因数的措施，为选择及整定保护设备提供依据。

负荷计算的方法主要有需要系数法、二项式法、利用系数法、单位面积功率法等，这里主要介绍需要系数法。

（二）几个相关概念

负荷曲线是用来表征用电设备的用电负荷（P、Q、S、I）随时间变化的曲线，它反映用户的用电特点和规律。负荷曲线根据负荷性质不同，可分为有功功率负荷曲线、无功功率负荷曲线、视在功率负荷曲线；根据持续时间不同，可分为日有功功率负荷曲线和年有功功率负荷曲线。日有功功率负荷曲线和年有功功率负荷曲线如图 6-1 所示。

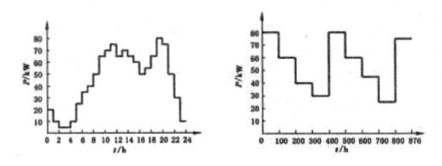

图 6-1 日有功功率负荷曲线图和年有功功率负荷曲线图

年最大负荷是指全年中最大工作班（这一工作班的最大负荷不是偶然出现的，而是全年至少出现 2～3 次）内半小时平均功率的最大值，并用 P_{max}、Q_{max}、S_{max}、I_{max} 分别表示年有功、无功、视在最大负荷和电流最大负荷，即 $P_{max} = P_{30}$、$Q_{max} = Q_{30}$、$S_{max} = S_{30}$、$I_{max} = I_{30}$。

用电设备工作制按其工作性质可分为长时工作制、短时工作制、反复短时工作制。

①长时工作制用电设备是指工作时间较长，负荷输出稳定，连续工作的用电设备，如多种泵类、通风机、压缩机、输运带、机床、电弧炉、电阻炉、电解设备和某些照明装置等。

②短时工作制用电设备是指工作时间短而停歇时间相对较长的用电设备，如切削机床辅助机械的驱动电动机、启闭水闸的电动机等。在用电设备中，这类设备的数量很少且容量较小。

③反复短时工作制用电设备是指周期性地时而工作，时而停歇，反复运行的用电设备，如吊车用电动机、电焊用变压器等。

反复短时工作制用电设备可用"负荷持续率"（又称暂载率）来表征该种设备在 1 个工作周期内工作时间的长短。负荷持续率为 1 个工作周期内工作时间与工作周期的百分比值，用 ε 表示，即：

$$\varepsilon = \frac{t}{T} \times 100\% = \frac{t}{t + t_0} \times 100\%$$

式中，T 为工作周期；t 为 1 个工作周期内的工作时间；t_0 为 1 个工作周期内的停歇时间。

由于用电设备具有不同的工作制，对于不同工作制下的设备不能仅对其铭牌上的额定功率进行简单求和，而应该将不同工作制下的用电设备的额定容量换算到统一规定的工作制下的额定容量，这个经过换算过的额定容量就称为设备容量，用 P_e 表示。值得注意的是，设备容量不包括备用设备的额定容量。

长时工作制用电设备的容量一般是所有设备铭牌额定容量 P_N 之和，即 $P_e = \sum P_N$。对于采用电感镇流器的电光源，要考虑镇流器消耗的功率，即考虑设备容量为额定容量的 1.2 倍：

$$P_e = 1.2 \sum P_N$$

对于短时工作制的用电设备来说，可以不考虑其设备容量。

对于反复短时工作制的用电设备，可将所有在同负荷持续率下的铭牌额定容量换算到一个规定的负荷持续率下的功率之和，即：

$$P_e = \sqrt{\frac{\varepsilon_N}{\varepsilon_{规}}} P_N = \sqrt{\frac{\varepsilon_N}{\varepsilon_{规}}} S_N \cos\varphi$$

式中，P_N、S_N 为铭牌额定容量；$\cos\varphi$ 为铭牌规定的功率因数；ε_N 为铭牌额定容量所对应的额定负荷持续率；$\varepsilon_{规}$ 为换算到的规定的负荷持续率，对电焊设备 $\varepsilon_{规} = 100\%$，起重设备 $\varepsilon_{规} = 25\%$。

（三）用需要系数法确定计算负荷

需要系数是一个综合系数，其物理意义为用电设备组投入运行时从供电网络实际取用的功率与用电设备组容量之比，即：

$$K_d = \frac{K_\Sigma \times K_L}{\eta_S \eta_{nd}}$$

式中，K_Σ 为同期系数，用电设备组（用电设备组指的是将工艺性质相同，需要系数、功率因数相同的多台用电设备）的设备有可能不同时运行，同期系数为该设备组最大负荷时工作着的用电设备与该组用电设备总容量之比，$K_\Sigma < 1$，但对于一两台设备而言，$K_\Sigma = 1$；

K_L 为负荷系数，工作着的用电设备有可能不同时运行在最大负荷下，该设备组最大负荷时，工作着的用电设备实际所需功率与工作着的用电设备总功率之比称为负荷系数，$K_L < 1$；

η_S 为用电设备在实际运行时的效率，$\eta_S < 1$；

η_{nd} 为用电设备在实际运行时的线路损耗。

由此可见，需要系数 K_d 与用电设备组的工作性质、设备台数、设备效率和线路损耗等因素有关，实际确定需要系数的过程非常复杂，需要统计测量来确定。

需要系数的计算：根据需要系数的物理意义可知，需要系数 K_d，可表示为：

$$K_d = \frac{P_{max}}{P_e} = \frac{P_{30}}{P_e}$$

式中，P_{30} 为用电设备组负荷曲线上半小时最大有功负荷；

P_e 为用电设备组的设备容量；K_d 为需要系数。

所谓需要系数法，就是将用电设备组的设备容量 P_e 乘以需要系数 K_d，求出计算负荷的一种简单实用的计算方法。

有功计算负荷：

$$P_{30} = K_d P_e$$

无功计算负荷：

$$Q_{30} = P_{30} \cdot \tan \varphi$$

视在计算负荷：

$$S_{30} = \sqrt{P_{30}^2 + Q_{30}^2}$$

计算电流：

$$I_e = \frac{S_{30}}{\sqrt{3} U_N} = \frac{P_{30}}{\sqrt{3} U_N \cos \varphi}$$

式中，K_d 为设备组的需要系数；

P_e 为设备组设备容量，单位为 kW；

φ 为用电设备功率因数角；

U_N 为线电压，单位为 V；

I_e 为计算电流，单位为 A。

二、导线选择

为了保证供电系统能够正常、优质、安全、可靠地运行，导线必须满足以下条件：

（一）发热条件

1. 相线截面积的选择

导线在通过正常最大负荷电流时（线路的计算电流）所产生的发热温度，不应该超过正常运行时的最高允许温度。按照发热条件来选择三相系统中的相线截面积时，应使其允许载流量 I_d 不小于通过相线的计算电流 I_{30}，即：

$$I_d \geqslant I_{30}$$

由于允许载流量 I_d 与环境温度有关，因而在选择导线截面积时，要注意导线安装地点的环境温度，此外还要注意不同的敷设条件。

2. 中性线和保护线截面积的选择

上面选择的是相线的截面积，当低压配电系统的三相电流基本平衡、无谐波电流成分时，中性线（N 线）、保护线（PE）及保护中性线（PEN）宜按表 6-1 选择，否则中性线及保护中性线的截面积应与相线截面积相等。

表 6-1 中性线、保护线及保护中性线选择

相线截面积（A/mm^2）	$A<16$	$16 \leqslant A<35$	$A>35$
N、PE、PEN 线截面积（mm^2）	A	16	$A/2$

（二）机械强度

导线在正常运行时，会受到自身重力及雨水、冰雹等外力的作用。为了保证导线不被折断而中断正常供电和发生其他事故，规定了在各种不同的敷设条件下导线按机械强度要求的最小截面积。

按照发热条件、允许电压损失、机械强度来选择和校验导线截面积的一般步骤如下：

对于距离 $\leqslant 200$ m 的低压电力线路，一般先按发热条件来选择导线，然后用电压损失条件和机械强度条件来进行校验。

对于距离 $\geqslant 200$ m 的较长线路，一般按允许电压损失来选择导线，然后按发热条件和机械强度来校验。

对于高压线路，一般先按经济电流密度选择法来选择导线，然后按发热条件和电压损失条件进行校验。所谓经济电流密度法，是指从经济角度出发，综合考虑输电线路的电能损耗和投资效益等指标，确定导线截面积。

在实际工程中总结出了一些经验，如一般铜导线的安全载流量是根据所允许的线芯最高温度、冷却条件、敷设条件来确定的。一般铜导线的安全载流量为 5～8 A/mm²，铝导线的安全载流量为 3～5 A/mm²。在此基础上形成了以下估算口诀：

二点五下乘以九，往上减一顺号走。

三十五乘三点五，双双成组减点五。

条件有变加折算，高温九折铜升级。

穿管根数二三四，八七六折满载流。

本口诀对各种绝缘线（橡皮和塑料绝缘线）的载流量（安全电流）不是直接指出的，而是用"截面乘上一定的倍数"来表示，通过心算而得。

"二点五下乘以九，往上减一顺号走。"说的是 2.5 mm² 及以下的各种截面铝芯绝缘线，其载流量约为截面积的 9 倍。例如 2.5 mm² 导线，其载流量为 2.5 × 9 = 22.5 A。4 mm² 及以上导线的载流量和截面积的倍数关系是顺着线号往上排的，倍数逐次减 1，即 4 × 8、6 × 7、10 × 6、16 × 5、25 × 4。

"三十五乘三点五，双双成组减点五。"说的是 35 mm² 导线的载流量为截面积的 3.5 倍，即 35 × 3.5=122.5 A。50 mm² 及以上的导线，其载流量与截面积之间的倍数关系变为两个线号成一组，倍数依次减 0.5。即 50，70 mm² 导线的载流量为截面积的 3 倍；95，120 mm² 导线的载流量是其截面积的 2.5 倍，以此类推。

"条件有变加折算，高温九折铜升级。"是按照铝芯绝缘线、明敷在环境温度 25℃ 的条件下而定的。若铝芯绝缘线明敷在环境温度长期高于 25℃ 的地区，导线的载流量可按上述口诀算出，然后再打九折即可；当使用的不是铝线而是铜芯绝缘线，它的载流量要比同规格铝线略大一些，可按上述口诀算出比铝线加大一个线号的载流量，例如 16 mm² 铜线的载流量，可按 25 mm² 铝线计算。

第四节 电气线路的运行检查

电气线路的运行检查是运行维护的基本内容之一。通过检查，可及时发现缺陷，以便采取防范措施，保障线路的安全运行。检查人员应将发现的缺陷记入记录本内，并及时报告给上级。

一、架空线路

架空线路裸露在户外，会受到各种气候条件和环境因素的影响，如雷击、大雾、大风、雨雪、高温、严寒、洪水、烟尘、灰尘、纤维等都会对架空线路的正常运行构成威胁，因此需要对架空线路进行必要的巡视。

架空线路巡视分为定期巡视、特殊巡视和故障巡视。定期巡视是日常工作内容之一。对于 10 kV 及以下的线路，至少每季度巡视一次。特殊巡视是运行条件突然变化后的巡视，如雷雨、大雪、重雾天气后的巡视，地震后的巡视等。故障巡视是发生故障后的巡视，巡视中一般不得单独排除故障。

架空线路巡视检查主要包括以下内容：

①沿线路的地面是否堆放有易燃、易爆或强烈腐蚀性物质；沿线路附近有无危险建筑物，有无在雷雨或大风天气可能对线路造成危害的建筑物及其他设施；线路上有无树枝、风筝、鸟巢等杂物，如有，应设法清除。

②在树木生长季节，应加强对架空线路巡视检查，修剪树枝，保证线路与树木之间的安全净距符合规程规定。

③电杆有无倾斜、变形、腐朽、损坏及基础下沉等现象；横担和金具是否移位、固定是否牢固、焊缝是否开裂、是否缺少螺母等。

④导线和避雷线有无断股或由腐蚀、外力破坏造成的伤痕；导线接头是否良好、有无过热、氧化、腐蚀痕迹；导线对地、邻近建筑物或邻近树木的距离是否符合要求。

⑤绝缘子有无破裂、脏污、烧伤及闪络痕迹；绝缘子串偏斜程度、绝缘子铁件损坏情况如何。

⑥在高温季节和严冬季节，导线弧度受热胀冷缩的影响是否超过限度。

⑦拉线及其他金具是否完好、是否松弛、绑扎线是否紧固、螺丝是否锈蚀等。

⑧保护间隙（放电间隙）的大小是否合格；避雷器瓷套有无破裂、脏污、烧伤及闪络痕迹，密封是否良好，固定有无松动；避雷器上引线有无断股、连接是否良好；避雷器引下线是否完好、固定有无变化、接地体是否外露、连接是否良好。

二、电缆线路

电缆线路一般是敷设在地下的，要做好电缆的检查工作，就必须全面了解电缆的敷设方式、结构布置、走线方向及电缆头位置等。电缆线路的定期巡视一般每季度一次；户外电缆终端头每月巡视一次，并应经常监视其负荷大小和发热情况。如果遇大雨、洪水等特殊情况及发生故障时，还应临时增加安全检查次数。

电缆线路的安全检查应重点检查以下项目：

①对直埋电缆的检查包括：线路标桩是否完好；沿线路地面上是否堆放矿渣、建筑材料、瓦砾、垃圾及其他重物，有无临时建筑；线路附近地面是否开挖；线路附近有无酸、碱等腐蚀性排放物；地面上是否堆放石灰等可构成腐蚀的物质；露出地面的电缆有无穿管保护，保护管有无损坏或锈蚀；固定是否牢固；电缆引入室内的封堵是否严密；洪水期间或暴雨过后，巡视附近有无冲刷或塌陷现象等。

②对沟道内电缆的检查包括：沟道的盖板是否完整无缺；沟道是否渗水、沟内有无积水；沟道内是否堆放有易燃、易爆物品；电缆铠装或铅包有无腐蚀；全塑电缆有无被老鼠、白蚁啮咬的痕迹；在洪水期间或暴雨过后，巡视室内沟道是否进水，室外沟道泄水是否畅通等。

③对电缆终端头和中间接头的检查包括：终端头的瓷套管有无裂纹、脏污及闪络痕迹；充有电缆胶（油）的终端头有无溢胶（漏油）现象；接线端子连接是否良好，有无过热迹象；接地线是否完好、有无松动；中间接头有无变形、温度是否过高等。

④对明敷电缆的检查包括：沿线的挂钩或支架是否牢固；电缆外皮有无腐蚀或损伤；线路附近是否堆放有易燃、易爆或强烈腐蚀性物质等。

三、室内配电线路

对于 1 kV 以下的室内配线，建议每月进行一次巡视检查，对重要负荷的配线应增加夜间巡视。对于 1 kV 以下车间配线的裸导线（母线）以及分配电盘和闸箱，每季度应进行一次停电检查和清扫。对于 500 V 以下可进入吊顶内的配线及铁管配线，每年应停电检查一次。如遇暴风雨雪天气或系统发生单相接地故障等情况，需要对室外安装的线路及闸箱等进行特殊巡视。

室内线路的巡视检查一般包括下列内容：

①检查导线的发热情况，检查线路的负荷情况。

②车间裸导线各相的驰度与线间距离是否保持一致，车间裸导线的防护网、板与裸导线的距离有无变动。

③导线与建筑物等是否摩擦、相蹭，绝缘、支持物是否损坏和脱落，铁管或塑料管

的防水弯头有无脱落现象。

④明敷导线管和木槽板等有无砸伤现象，铁管的接地是否完好。

⑤敷设在车间地下的塑料管线路，其上方是否堆放重物。

⑥三相四线制照明线路，其零线回路各连接点的接触是否良好，有无腐蚀或脱开的现象。

⑦检查线路上及线路周围有无影响线路安全运行的异常情况，绝对禁止在绝缘导线上悬挂物体，禁止在线路旁堆放易燃、易爆物品。

⑧对敷设在潮湿、有腐蚀性物体的场所的线路，要定期对绝缘进行检查，绝缘电阻一般不得低于 0.5 MΩ。

⑨是否有未经电气负责人许可私自在线路上接电气设备以及乱拉、乱扯的线路。

四、电气线路的安全检测

（一）架空线检测方法

目前，对输电导线进行巡检的方法主要有以下几种：

1.地面目测法

采用肉眼或望远镜对辖区内的电力线进行观测，由于输电线路分布点多、面广、地理条件复杂，巡线工人需要翻山越岭、涉水过河、徒步或驱车巡检。这种方法劳动强度大，工作效率和探测精度低，可靠性差。

2.航测法

直升机沿输电线路飞行，工作人员用肉眼或机载摄像设备观测和记录沿线异常点的情况，这种方法尽管距离接近，提高了探测效率和精度，但由于电力线在观察者或摄录设备的视野中的移动速度较快，这增加了技术难度，并且运行费用较高。

3.架空电力线路巡线机器人检测

移动机器人技术的发展为架空线路巡检提供了新的方法。巡线机器人能够带电工作，以一定的速度沿输电线爬行，并能跨越防震锤、耐张线夹、悬垂线夹、杆塔等障碍，利用携带的传感仪器对杆塔、导线及避雷线、绝缘子、线路金具、线路通道等实施接近检测，代替工人进行电力线路的巡检工作，可以进一步提高工作效率和巡检精度。因此，巡线机器人成为巡线技术研究的热点。

（二）电缆检测方法

当电缆线路发生故障后，首先应用兆欧表或万用表确定故障的性质，然后根据不同的故障情况，采用回路电桥平衡法、脉冲反射测距法或声测定点法确定故障范围，最后用声测定点或感应法在路面上定出具体故障点位置。如果运行部门因管理不善而无电缆线路走向图，则可先用感应法确定它的走向和深度。

1.回路电桥平衡法

对于一般的接地电阻小于 10 kΩ 的电缆故障，均可采用回路电桥平衡法，但必须事先知道电缆线路的长度。为了对故障进行正确的检测，还应注意以下几点：

（1）跨接线越短越好，其截面积应接近电缆导体的截面积，并应连接紧固，使接触电阻接近零，必要时应将接触面用砂布磨平。

（2）当同一条线路上有不同导体材料或不同截面积的电缆连接在一起时，应按其电阻值将长度换算到同一导体材料、同一截面积的等值长度。

（3）如果故障电缆线路较长，自一端测出的故障点接近另一端时，则应到另一端复测，并以后者测得的数据为准。

2.脉冲反射测距法

脉冲反射测距法适用于电缆断线故障和低电阻（100 Ω 以下）接地故障。其测量原理是当在故障电缆芯上加一脉冲电压时，发射的脉冲在传输线上遇到故障点会产生反射。如果反射脉冲与发射脉冲的极性相同，表示故障性质为电缆断线故障；如果二者的极性相反，则表示故障性质为接地故障。脉冲波往返的时间差可以通过仪器的指示器表示出来，这样便能迅速而又准确地确定故障点与测量端之间的距离。在实际测量中采用的是对比法，即在同一电缆的故障缆芯与良好缆芯上分别测定反射所需时间之比，再乘上电缆总长度，即为故障点距测量端的距离。如果缆芯全部烧断，则可在电缆线路的两端分别用脉冲仪测定反射所需时间，由此可方便地算出故障点距各测试端的距离。

3.声测定点法

用回路电桥平衡法或脉冲反射测距法测量电缆线路故障，只能确定故障点所在的大概区段，一般叫作初测。因为存在测量误差，而且在丈量和绘制电缆线路图时也会有误差，在数段电缆连接起来的线路中，也可能因为每段的导体电阻系数不同而产生计算误差，所以在初测之后，还必须以声测定点法进行精测，以确定故障点。对于长度仅为几十米的短电缆，一般可省略初测步骤而直接用声测定点法查找故障点。

在开展声测定点试验时，应注意以下各点：

（1）如果试验设备容量不够大，则需继续施加电压。当选用 1 kV·A 的试验设备时，一般可采用加压 15 min 停 5 min 再加压的方法，同时观察调压器、试验变压器及电源线等是否有过热现象。

（2）直流冲击高电压的发生装置最好放在近故障点的一端，因为这样可以减少在电缆线路中的能量损耗，从而使故障发出的声音较响。

（3）升压变压器和电容器的接地必须可靠，最好直接与电缆内护层（铅包）连接，以免因声测放电时接地点的电位升高而使低压电源系统的设备烧坏。

（4）为了防止升压变压器在声测定点试验时过电压损坏，其外壳可以不接地，但应将其放在绝缘垫上。调整升压器的操作人员应佩戴绝缘手套。

（5）当埋设在管道内或大的水泥块下的电缆发生故障时，因传声的不均匀性，管道两端或水泥块边缘可能会产生较为明显的声响，须仔细辨认故障点。

（6）在进行声测放电时，如果接地不良，可能会在电缆线路的护层与接地部分之间引发放电现象，从而导致误断。因此，必须仔细检查电缆裸露部分的金属夹子处，以辨别是否为真正的故障点。一般来讲，除了能听到声音外，在故障点还会有振动。当用手触摸振动点时，应佩戴绝缘手套。在声测电缆端与故障点间的电缆线路上（包括穿入铁管中的过桥电缆）进行声测定点试验时，在管上和电源护层上会出现感应电压而产生轻微的放电声，应与真正的故障点加以区别。

（7）当数条电缆敷设在同一沟内而资料不全时，应先找出需要测定的故障电缆。

（8）进行声测定点试验时，一般在现场应有两人相互核对，以免误判。

（三）室内配电线路检测

当电气线路正常运行时，由于电流效应会产生热量；当电气线路发生故障时，就会异常发热，线路在危险温度下运行，存在火灾隐患，类似这种危险温度和隐患通常是不易被发现的。

红外测温技术的原理是：自然界中一切温度高于绝对零度的物体，每时每刻都辐射出红外线，同时这种红外线辐射都载有物体的特征信息，这为利用红外技术检测各种被测目标的温度和温度分布场提供了客观基础。

物体产生的热量在发出红外辐射的同时，还在物体周围形成一定的表面温度分布场。这种温度分布场取决于物理材料的热物理性，也就是物体内部的热扩散和物体表面温度与外界温度的热交换。红外探测器可以利用这一特性，将电气线路发热部位辐射的功率信号转换成电信号后，成像装置就可以一一对应地模拟出物体表面温度的空间分布，经电子系统处理可以得到与物体表面热分布相对应的热像图，利用热像图就可以很方便地查出故障点。

第七章 电气设备安全运行管理

第一节 电气设备安全运行基本知识

一、电气设备运行危险及影响因素

（一）电气设备危险源的识别

电气设备的安全运行就是避免由于使用电气设备而给人体造成伤害，甚至死亡，并将其潜在危险降低到可以接受的程度。因此，保证电气设备安全的首要工作就是确认危险的来源，并采取有效措施对其进行防护，避免将危险施加于人、动物或环境。

电气设备共性危险源识别主要是用来帮助设计者分析危险的起因及危险可能造成的伤害，在设计和制造中采取有效防护措施予以控制，同时也可为设备运行中预防电气事故、进行安全检查及查找电气设备运行故障原因等提供依据。

（二）电气设备安全运行的影响因素

电气设备的安全运行一般取决于其绝缘性能，当设备的运行参数，如电流、电压、温度等与设计的额定值差别较大，或设备本身的运行工况与设计规定差别较大时，都会影响设备的安全运行。

1.温度异常

设备运行温度主要与工作电流、电压有关，还与散热条件有关，在设备运行时，电流的热效应、铁磁材料损耗、介质损耗、局部放电、机械损耗及设备内部的功能性元件发热会使电气设备的温度升高，固体绝缘在热应力作用下会使绝缘材料或工程塑料软化、变形、脱层，然后在机械应力作用下断裂、破坏而丧失绝缘性能，导致设备或线路发生短路、漏电、电火花、电弧等，造成设备损毁、火灾等事故。

（1）过载

当电路因连接过多电气负载或设备过载等原因发生过载时，尽管电流值仅超出电路额定载流量的几倍，也会导致绝缘材料加速老化，进而缩短设备的使用寿命。在电气设备中，过载故障（排除短路事故）在一定时间内是被允许的。然而，若过载状态持续时间过长，将对绝缘材料造成损害，最终可能诱发短路等危险情况。因此，为确保安全，电气设备必须在规定的安全载流量范围内运行。发生过载的主要原因包括：选型不正确，使电气设备的额定容量小于实际负载容量；设备或导线随意安装增加负荷，在线路中接入了过多的大功率设备，造成超载运行，超过了配电线路的负载能力；检修、维护不及时，使设备或导线长期处于带电运行状态。

（2）短路

电气短路有两类，一类是金属性短路，另一类是电弧性短路。前者短路点因高温而熔融，短路电流大，短路时保护装置动作，切断电源，这种短路起火危险较小；后者短路点会产生电弧或电火花。金属性短路和过载是两种不同后果的过电流，大于导体额定载流量的回路电流都是过电流，回路绝缘损坏前的过电流称为过载，绝缘损坏后的过电流称作短路。除特殊情况外，回路内都应装设断路器、熔断器之类的过电流防护电器，以防范电气过载和短路引起的灾害。

电弧高温会使触头表面的金属熔化和蒸发，烧坏电弧附近的电气绝缘材料，造成短路，烧毁电气设备；电弧在电动力、热力作用下能移动，很容易造成飞弧短路和电弧闪络伤人，或引起事故的扩大。电弧的热效应比一般火焰还要严重，电弧除了温度高以外，还有熔化的金属喷出物。若电弧闪络发生在封闭空间，其威力比开放空间大3倍以上，因为一般开关箱结构设计无法承受电弧事故的发生，箱体将遭到破坏，可能伤及附近的人和物。

引起电弧的原因如下：电线和电气设备的绝缘损坏；电器或电动机的接线端子不良打火；电气设备中潮湿或有导电尘埃或沉积物等。这类故障会引起不完全短路或接地故障并酿成火灾。接地电弧短路火灾的防范并不复杂，只需在电源进线总开关上增加防漏电保护功能即可，发生接地性电弧短路时及时切断电源。

（3）电接触不良

电气连接的连接件、装置、连接器、端子、导体等在使用中承受电、热、机械的应力，导致出现发热、松动、位移等，使电接触点处的接触电阻增大，出现过热、电弧、电火花等故障，因此电气连接部位在设备运行中最薄弱。电接触不良与接触部位金属材料的性质、接触形式（点接触、线接触和面接触）、接触压力、接触表面的光洁度、接触点工作环境（温度、湿度、腐蚀性等）有关。

2.电磁效应

由于电动力效应，短路电流在设备中产生很大的电动力，它与电流大小密切相关。电动力可能使导体变形，如果电动力过大或设备构架不够坚韧，则可能引起电气设备机械变形、扭曲、断裂。当两根或三根平行导体（如母线）在短路电流作用下受到吸引力或排斥力超过某一程度时，就会使导体变形、接头松脱、支撑固定件损坏等。

当短路电流通过线路时，会在周围产生交变的电磁场。不对称短路电流的磁效应所产生的磁通足够大，在邻近的电路内能感应出很大的电动势，这对于附近的通信线路、铁路信号系统及其他电子设备、自动控制系统可能产生强烈干扰。短路电流在线路中会产生电抗压降，从而会降低电网电压，给用户带来影响。

无论是载流导体，还是电器，都必须经受短路电流的考验，在保护装置切除短路故障之前极短时间内，载流部分应能承受比正常运行时大许多倍的短路电流所产生的热效应作用和电动力冲击。

3.漏电影响

漏电一般发生在线路、用电设备及开关设备等处，如果漏电故障没有及时处理，就可能导致触电、设备损坏及火灾等事故。

电气线路绝缘或导线支架材料的绝缘能力不佳，会导致导线与导线、导线与大地间漏电。导线与导线之间的漏电经常发生在成束布置的导线中，尤其是在导线中有接头，不同导线接头位置没有错开，或错开距离太小，在潮气侵蚀、绝缘破坏的情况下，会在不同相线导线间发生漏电。久而久之，漏电电流逐渐增大、漏电点发热，由于漏电电流的热效应，使绝缘破坏，发展成为相间短路。

电气线路或设备绝缘损伤（老化、鼠咬、碰撞等）后在一定的环境下会发生漏电，造成触电事故或产生电火花、高温过热等事故。

当低压配电系统中所采取的保护措施失效时，将发生漏电故障。目前，采用接零保护及过流保护装置防止漏电短路情况的发生，但要想这些措施生效是有条件的。例如，熔断器规格不符或被其他金属丝代替；故障点发生在末端，其故障回路阻抗较大，漏电短路电流不足以令过流保护装置动作；过流保护装置故障或开关失灵；保护接零线的接线端子连接不实，造成接触电阻过大，限制了故障电流。在这些情况下，漏电现象将持续存在，最后可能导致事故发生，为此需要采用漏电保护措施，防止漏电危害。

4.运行工况

电网电压、频率的变化，三相交流电运行的不对称度、三相负载不对称、中性点偏移，以及电气设备运行环境等因素，都可能会影响电气设备的正常运行。

（1）电压异常

对于异步电动机来讲，若电压过低，则会导致转矩减少，使得电动机无法启动，或者电动机启动时的电流会变得很大，并且持续时间较长，这将导致电动机因过热而烧毁。对于白炽灯和碘钨灯而言，过高的电压可能导致其烧毁。而荧光灯、高压汞灯、钠灯以及金属卤化物灯等气体放电灯，在电压过高时易发生损坏，电压过低则可能导致启动失败或启动困难、启动时间延长。电气设备受电压偏差影响的程度，与偏差的幅度和持续时间密切相关。电压异常的成因包括外部雷击或雷电感应，以及系统运行中的操作过电压、故障（如电弧接地）等。此外，电压不平衡亦会导致欠压和过压现象的出现。

（2）电气设备运行环境

环境因素，包括温度、湿度、空气污染状况、大气压等，对电气设备或线路的绝缘性能产生显著影响，导致设备或线路出现绝缘性能下降而引发电气事故。设备运行环境温度过高或空气流动性差，导致热量无法迅速散发，进而使得设备温升超过允许范围。湿度对电气设备的影响主要体现在绝缘强度、霉菌生长、金属腐蚀与磨损等方面。电气设备受潮会导致绝缘性能下降。环境湿度的增加会导致电介质的电导率、相对介电系数、介质损失角正切值相应增大，击穿场强降低。绝缘破坏过程通常是在热的作用下变脆，受震动后开裂，潮气进入裂缝后，即使是很低的电压也可能引起放电，造成绝缘材料击穿。对于裸露的金属导体，随着湿度的增加，其氧化腐蚀会加速（特别是在黏附粉尘的情况下），导致导体连接处的接触电阻增大，造成局部过热。因此，长期处于潮湿环境中的电气设备，若不采取防潮措施，其使用寿命将显著降低，并可能引发电气事故。

气体的压力对气体的击穿电压有很大影响，空气的击穿电压几乎与大气压成正比。大气压降低，空气密度下降，电弧散热慢，也不易熄灭，影响开关的灭弧能力和开断能力；大气压降低，空气密度小，空气的热传导能力和对流换热能力降低，电气设备的温升相应增加。因此，了解电气设备安全运行的影响因素，可为预防电气设备事故、查找故障原因，提供一定的帮助。

二、电气设备危险源控制

（一）电击危险控制

对于电气设备，应采取一切必要措施，避免人体接触到危险带电体，同时还必须至少采取双重防护措施（或者等效于双重防护的其他有效防护措施）。

绝缘材料构成了电气设备安全运行不可或缺的关键要素。在电气设备的制造过程中，必须选用能够抵御设计使用过程中可能出现的老化、腐蚀、气体、辐射等物理或化学因素影响的材料。为确保设备的正常运行并预防电流直接作用导致的电击风险，电气设备必须具备足够的绝缘强度、耐热性、防潮性、防污性、阻燃性以及耐漏电起痕等电气绝缘性能。在基本绝缘受损的情况下，可能会出现故障接触电压，此时应有附加绝缘或加强绝缘措施。

为防止意外接触带电部分，可采取电气设备结构与外壳的直接接触保护技术，或将电气设备安装于封闭的电气作业场所。外壳防护（防止异物和水的侵入）旨在防止直接接触带电导体，且被保护的部件仅允许通过工具进行拆卸或开启。

为确保电气设备在基本绝缘失效或出现电弧时，故障接触电压不会对人员造成伤害，必须采取包括接地保护、双重绝缘结构、安全特低电压供电等在内的多重防护措施。在实施双重绝缘结构和安全特低电压供电的防护措施时，禁止使用保护接地装置。对于所有可能因工作电压、故障电流、泄漏电流或类似因素导致危险的部位，必须确保具备足够的电气间隙和爬电距离；同时，在故障电压或过电流发生时，应有自动切断电源的技术措施。

（二）着火危险控制

在电气设备引发的火灾事故中，通常可以识别出两种主要类型：一是产品本身作为火源所导致的起火事件；二是产品过热引发周围易燃材料的起火现象。

针对产品自身引发的起火问题，存在两种主要的防护策略：其一，防止产品成为火源；其二，采用适当的防护外壳或挡板，将火焰限制在产品内部，防止其向外部扩散。

为防止产品成为火源，应避免或限制使用易燃材料，并确保结构部件中的非金属材料具备耐热性能，同时支撑带电部件的绝缘材料或工程塑料应具备耐电痕化和耐燃性。采取有效措施，确保在任何可能引发燃烧的材料附近不出现高温。例如，应避免短路、持续过载、不可靠连接等现象，使用适当的过热保护元件或过流保护元件，防止高温达到材料的燃点。至于限制火焰蔓延，则需避免或限制使用易燃材料，尽量减少可燃材料的使用量，并采用适当的材料和结构设计防护外壳或挡板，在起火时将火焰限制在内部，并切断电源，防止火势向外部扩散。

设备运行时的过热现象不仅会缩短零部件的使用寿命，破坏绝缘材料的特性，还可能引燃周围及内部的易燃材料，导致人体烫伤等安全事故。鉴于发热是不可避免的物理现象，并伴随着热惯性效应，因此对于过热的防护，应采取适当的隔离措施和散热措施，并安装适当的安全保护元件。当产品某些部位的温度升高至一定程度时，应切断电源，使其自然冷却，防止温度进一步升高而产生危险，并设置适当的警告标识，提醒用户远离热源。

（三）机械危险控制

①外壳防护，包括防异物进入、防水进入。
②结构设计，包括结构强度、刚度，表面粗糙度，锐边、棱角，稳定性。
③运动部件防护，包括机械防护罩或盖的材料、厚度和尺寸，运动部件、作业工具的防甩出。
④连接危险控制，保证机械连接与电气连接的可靠性。

（四）运行危险控制

在电气设备运行过程中，环境与操作条件的变动是不可避免的。因此，必须针对可能施加于电气设备的外部影响制定相应的防护策略，以确保在预期的外部影响下，电气设备能够满足既定的性能要求，并具备一定程度的抗干扰能力。同时，应确保在可预见的异常情况下，设备不会对人员安全构成威胁。

在电气设备的运行过程中，必须采取措施预防由设备自身或邻近设备产生的高温、电弧、辐射、气体、噪声、振动等电能和非电能因素所引发的安全风险。此外，还需防范因过载、冲击、压力、潮湿、异物等外部因素间接作用导致的设备危险。

电气设备的运行环境，包括温度、湿度、粉尘、蒸汽等，可能会导致设备绝缘性能的降低，从而引发电击事故。电源电压的波动、中断、暂降等电源故障，误操作、意外启动与停止、无法启动等操作故障，静电积聚，以及外部的冲击、振动、电场、磁场干扰等运行中常见的现象，均应在设计阶段考虑相应的控制措施，以预防事故的发生。

（五）辐射危险控制

辐射的种类千差万别，对人体的危害程度也各不相同。对辐射危险的防护措施如下：尽可能地避免辐射现象，屏蔽辐射源，或者使用安全联锁装置；在接触到辐射之前切断电源；当人不可避免地需要暴露在辐射环境中时，要限制辐射源的能量等级，并设置适当的警告标志，提醒相关人员注意采取额外防护措施或控制暴露的时间。

（六）人体工程学

电气设备的操纵装置、显示装置应符合人的生理心理特性，适应人体的动作特性、感觉特征，以利于提高舒适度、减少疲劳和心理压力，防止人为误操作，保障人身健康与安全。例如，对于紧急停止按钮的设计，应考虑人在紧急状态下的心理特征，设计的大小、色彩、布置的位置等都应考虑人的因素。

（七）完善设备安全信息与提示

对于电气设备的类型、安全安装、维护、清洗、运行等操作信息，应设置识别标志、风险和潜在风险的警告，关键信息应易于被用户理解。

三、电气设备一般安全要求

（一）电气设备设计的一般安全要求

电气设备的安全设计应考虑运行或使用环境对电气设备绝缘的影响，对于运行过程中可能出现的电击、火灾、危险温度、电弧、辐射等危险，应有相应的安全防护措施，同时应有防止人为操作错误而可能导致伤害的安全措施，如联锁、提示等。

电气设备设计制造应符合国家电气设备安全技术规范中的要求，在规定使用期限内保证安全，不应发生危险。电气设备采用的安全技术按直接安全技术、间接安全技术、提示性安全技术的顺序实现。

①直接安全技术，即将电气设备制造得没有危险性。

②间接安全技术，即直接安全技术不可能或不完全能解决，需要采用专门的安全技术手段。

③提示性安全技术，即在上述安全技术不能达到目的或不能安全达到目的时，宜说明电气设备无危险应用的条件。例如，提供通俗易懂的中文操作说明；在电气设备的运输、贮存、安装、定位、接线、运行等方面，提供充分的指导。

电气设备的设计与制造必须确保产品具备最高程度的安全性。依据电击防护的分类方法，可将电气设备设计制造为 0 类、Ⅰ类、Ⅱ类及Ⅲ类电气设备。

电气设备在使用时可采用专门的、与电气设备的特性和功能无关的安全技术措施。

电气设备在按设计用途使用时遇到特殊环境或运行条件，即在特殊条件下也必须符合本标准。电气设备必须承受预见会出现的诸如静态或动态负载、液体或气体作用、热或特殊气候等引起危险的物理和化学作用，而不造成危险。

电气设备上必须防止静电积聚，或采取专门安全技术手段使其无危害或释放。

在制造电气设备时，只允许使用能够承受按设计用途使用时所出现的诸如老化、腐蚀、气体、辐射等物理或化学影响的材料。

电气设备的设计应符合人类工效学的结构，减轻劳动强度和便于使用，使之能预防危险。

电气设备设计这部分内容在本书中未涉及，但此内容可用于设备选型、验收、安全检查。例如，在验收设备时，应注意安全使用的关键信息、识别标志、风险警告、安装与维护的安全等信息内容是否完善。

（二）电气设备选型安全要求

按照国家有关电气安全标准、规范，根据电气设备的负荷、使用场所、运行环境（如爆炸和火灾危险环境、粉尘、潮湿、高温等），选用、安装与之相适应的电气设备。

安全使用电气设备的重要原则之一就是既要考虑设备本身的安全特性，又要考虑用电环境的危险程度，根据使用环境，选择适当的电气设备。

电气设备针对不同的使用环境，应具有防电击及防环境影响的功能，其结构应满足电气性能、防火功能、防尘防水等要求。下面依次介绍电气设备的应用环境、外壳防护等级：

1.用电环境

电气设备总是在某一特定环境中工作，不同环境对电气设备的正常工作、可靠性、使用寿命等有不同影响。一般情况下，潮气、粉尘，高温、腐蚀性气体和蒸汽都会损伤电气设备的绝缘性能，增大触电的危险，所以应重视用电环境。在具有导电性地板的环境或电气设备附近有金属接地物体的环境中，无论是人体直接接触带电体，还是意外接触带电体，都容易构成电流回路，触电的危险性较大。根据不同的触电危险程度，对用电场所进行分类，可分为无较大危险的场所、有较大危险的场所和特别危险的场所。

一般有绝缘地板（如木地板），没有接地导体或接地导体很少的干燥、无尘场所，属于无较大危险的场所。居民住宅、普通办公室、学校等都属于无较大危险的场所。

下列场所属于有较大危险的场所：潮湿场所（空气的相对湿度超过75%）；高温炎热场所；含导电性粉尘（如煤尘、金属尘等）且沉积在导线上或落入机器、仪器的场所；有金属、泥土、钢筋混凝土、砖等导电性地板或地面的场所；作业人员可能同时接触接地的金属构架、金属结构或工艺装备，且可能接触电气设备的金属壳体的场所。

下列场所属于特别危险的场所：特别潮湿的场所，如室内天花板、墙壁、地板等各种物体都潮湿，空气的相对湿度接近100%；长期存在腐蚀性蒸汽、气体、液体等介质的场所；具有两种或两种以上的有较大危险场所特征的场所，如有导电性地板的潮湿场所、有导电性粉尘的高温炎热场所。许多生产厂房，如铸造车间、酸洗车间、电镀车间、电解车间、漂染车间、化工厂的大多数车间等都属于特别危险的场所。企业应根据空气介质的状态和用电设备周围的环境，选用适当的电气设备，要保证所选的电气设备结构能够承受所在场所的各种不安全因素的影响。在选择电气设备时，除应考虑触电危险性之外，还应考虑工作环境中发生火灾和爆炸的危险性。

2.外壳防护等级（IP 代码）

外壳防护等级是为防止人体接近壳内危险部件、防止固体异物进入壳内设备、防止由于水进入壳内对设备造成有害影响所提供的保护程度。

外壳所提供的防护性能以国际防护等级编码（IP 代码）来标示。在 IP 代码中，首位特征数字指涉外壳在防止人体部分或手持物体接触危险部件方面对人员提供的保护程度，同时，外壳亦能在一定程度上阻止固体异物侵入设备，从而对设备本身提供保护。该首位数字编码反映了外壳在防止人员接触危险部件和阻止固体异物侵入设备这两方面的保护等级，其数值代表了上述两种保护功能中较低的等级。而 IP 代码的第二位特征数字则表征了外壳对液体侵入的防护等级。

　　其中，第一、第二位特征数字是必需的，当某种防护功能不做要求而无须指出时，第一位或第二位特征数字用字母"X"代替（如果两个字母都省略，则用"XX"表示），而附加字母和补充字母根据需要可有可无，当使用一个以上的补充字母时，应按字母顺序排列。

　　外壳防护功能及分级方法。电气设备外壳的基本防护功能如下：

　　（1）对人接近外壳内危险部件的防护。

　　（2）对固体异物（包括粉尘）进入的防护。

　　（3）对进水的防护。

第二节　常用电气保护装置

　　电气保护装置用于保护设备和线路，防止过载、短路及接地故障造成的损害，防止由于绝缘故障引起的间接接触的危险。

一、电气保护装置要求

　　电气保护装置应在被保护对象处于异常状态时切断控制回路，如过流、超压、超限位、超温、超速等异常状况下应能切断电气设备电源或报警等。

　　通过安装适当的转换器，实现对特定电气量在设备运行状态为"正常"与"异常"时的差异进行检测、比较和识别。基于此特征构建的保护机制属于电气量保护与控制装置的范畴。例如，过流保护能够反映电流的增加，而欠压保护则用于监测电压的异常。此外，还存在一类保护器件或装置，它们基于非电气量的变化，如温度、流量（变压器的轻重瓦斯保护）、位移（限位、行程开关）、速度、压力等，来实现保护与控制功能。

　　电气保护装置通常要求具备选择性、速动性、可靠性和灵敏性。在运行过程中，装置应能够准确地监测到异常信号，并确保动作时间的可靠性。同时，它需要与各级保护装置以及被保护设备或线路的特性相协调配合。

（一）过载防护应满足的条件

防护电器与被保护回路在一些参数上应互相配合，应满足下列条件：

①防护电器的额定电流或整定电流不应小于回路的计算负载电流。

②防护电器的额定电流或整定电流不应大于回路的允许持续载流量。

③保证防护电器有效动作的电流，即熔断电流或脱扣电流，不应大于回路载流量的1.45倍。

（二）短路防护应满足的条件

短路可直接诱发多种电气安全风险及火灾事故。因此，保护装置必须在短路电流对电路导体及其连接部位产生热效应和机械效应引发危险之前，迅速切断电路，以确保系统安全。为避免电气短路引起灾害，短路防护应满足下列条件：

①短路防护电器的遮断容量不应小于它安装位置处的预期短路电流，但当上级防护电器切断该短路回路电流时，下级防护电器和它所保护的回路能承受所通过的短路电流而不致损坏时，可以装用较小遮断容量的防护电器。

②当被保护回路内任一点发生短路时，防护电器都能在被保护回路的导体温度上升到允许限值前的时间内切断电源。

二、熔断器

（一）熔断器的工作原理及特性

1.工作原理

熔断器的工作原理基于将金属导体作为熔体并将其串联于电路之中。在电路发生过载或短路时，若流经熔体的电流超过预设阈值并持续一定时间，熔体将因自身产生的热量而熔断，导致电路中断，进而实现保护功能。该装置在供电线路及电气设备的短路防护中得到了广泛应用。

2.结构

熔断器由熔体、安装熔体的熔管和熔座组成。熔体是熔断器的核心，熔体的材料、尺寸和形状决定了熔断特性。

熔断器按熔体材料分为低熔点和高熔点两类。例如铅、铅合金材料熔点低，由于其电阻率较大，所以制成熔体的截面尺寸较大，熔断时产生的金属蒸汽较多，只适用于低分断能力的熔断器；铜、银等材料的熔点高，但由于其电阻率较低，可制成截面尺寸较小的熔体，熔断时产生的金属热气少，适用于高分断能力的熔断器，但熔点高对小过载会失去保护。为此，常应用"冶金效应"，即在铜丝中焊接一个小锡球，当熔体温度上升到小锡球熔化温度时，促进熔丝熔断，这样可使较低的过载也能得到保护。

熔断器分为 g 类和 a 类两大类，g 类为全范围分断，a 类为部分范围分断。熔断器按使用类别划分，可分为一般用途的 G 类和电动机保护用的 M 类。上述两类可以有不同的组合，如"gG"为一般用途全范围分断能力的熔断器，"gM"为保护电动机电路全范围分断能力的熔断器，"aM"为保护电动机电路的部分范围分断能力的熔断器。

3.保护特性

熔断器熔体的熔断时间与电流的大小关系，称为熔断器的安秒特性，也称为熔断器的保护特性。熔断器的保护特性为反时限的，其规律是熔体熔断时间与流过熔体电流的平方成反比，各类熔断器的保护特性曲线均不相同，与熔断器的结构形式有关。

熔体的最小熔化电流是指熔体在额定电流下绝对不应熔断，所以最小熔化电流必须大于额定电流，往往以在 $1\sim 2\text{ h}$ 内能熔断的最小电流值作为最小熔化电流。熔体额定电流是熔体长期工作而不至于熔断的电流。为了描述熔体的保护特性，前者与后者之比称为最小熔化系数，用符号 β 表示，该系数反映熔断器在过载时的不同保护特性。β 必须大于 1，一般取 $\beta \geqslant 1.25$，也就是说，额定电流为 10 A 的熔体在电流 12.5 A 以下时不会熔断。β 值小对小倍数过载保护有利。

（二）熔断器的类别

1.插入式熔断器

插入式熔断器主要应用于额定电压 380 V 以下的电路末端，作为供配电系统中对导线及电气设备（如电动机、负荷电器）以及 220 V 单相电路（如民用照明电路及电气设备）的短路保护电器。在照明线路中，插入式熔断器还可起过载保护作用。

2.螺旋式熔断器

螺旋式熔断器熔体上的上端盖有一个熔断指示器，一旦熔体熔断，指示器马上弹出，可透过瓷帽上的玻璃孔观察到。其主要应用于交流电压 380 V、电流强度 200 A 以内的电力线路和用电设备中的短路保护，特别是在机床电路中的应用比较广泛。

3.封闭式熔断器

封闭式熔断器分为无填料熔断器和有填料熔断器两种。有填料熔断器一般在方形瓷管内装石英砂及熔体，分断能力较强，用于电压等级 500 V 以下、电流等级 1 kA 以下的电路中。无填料熔断器将熔体装入密闭式圆筒中，分断能力略小，用于 500 V 以下、600 A 以下电力网或配电设备中。封闭式熔断器主要应用于经常发生过载和断路故障的电路中，作为低压电力线路或者成套配电装置的连续过载及短路保护。

4.快速熔断器

快速熔断器又称为半导体器件保护熔断器，主要用于半导体整流元件或整流装置的短路保护。由于半导体元件的过载能力很低，只能在极短时间内承受较大的过载电流，因而要求短路保护具有快速熔断的能力。快速熔断器的结构与有填料熔断器基本相同，但熔体材料和形状不同，它是以银片冲制的有 V 形深槽的变截面熔体。

5.自复熔断器

自复熔断器采用金属钠做熔体，在常温下具有高电导率。当电路发生短路故障时，短路电流会产生高温，使钠迅速汽化，气态钠呈现高阻态，从而限制了短路电流。当短路电流消失后，温度下降，金属钠恢复原来的良好导电性能。自复熔断器只能限制短路电流，不能真正分断电路。其优点是不必更换熔体，能重复使用，主要在交流 380 V 的电路中与断路器配合使用。

（三）常用熔断器的技术数据

①额定电压，指熔断器长期能够承受的正常工作电压，即安装处电网的额定电压。

②额定电流，指熔断器壳体部分和截流部分允许通过的长期最大工作电流。

③熔体的额定电流，指熔体允许长期通过而不会熔断的最大电流，电流值规定有 2.4、6、8、10、12、16、20、25、32、40、50、63、80、100、125、160、200、250、315、400、500、630、800、1 000、1 250 A 等系列。

熔断器所能断开的最大短路电流，即为熔断器极限断路电流。

熔断器的技术参数还包括熔断器的分断能力、电流种类、额定频率、分断范围、使用类别和外壳防护等级等。

熔断器的技术参数应区分为熔断器（底座）的技术参数和熔体的技术参数。熔体额定电流不等于熔断器额定电流，熔体额定电流按被保护设备的负荷电流选择，同一规格的熔断器底座可以装设不同规格的熔体，熔体的额定电流可以和熔断器的额定电流不同，但熔体的额定电流不得大于熔断器的额定电流。额定电流的表示形式为：熔断器底座的额定电流/熔体的额定电流。

（四）熔断器的选择

应根据使用环境、负载性质和短路电流的大小，选用熔断器。

1.类型选择

用于保护照明线路和电动机的熔断器，一般考虑它们的过载保护，此时熔断器的熔化系数可以适当小些。容量较小的照明线路和电动机宜采用熔体为铅锌合金的 RC1A 系列熔断器。

对于大容量的照明线路和电动机，除过载保护外，还应考虑短路时分断短路电流的能力。若短路电流较小时，可采用熔体为锡质的 RC1A 系列或熔体为锌质的 RM10 系列熔断器。

用于车间低压供电线路的保护熔断器，一般考虑其短路时的分断能力，当短路电流较大时，宜采用具有高分断能力的 RL1 系列熔断器；当短路电流相当大时，宜采用有限流作用的 RTO 系列熔断器。

对于较大容量的电动机和照明干线，则应着重考虑其短路保护和分断能力，熔断器难以起到过载保护作用，只能用作短路保护，过载保护应用热继电器。通常，选用具有较高分断能力的 RM10 和 RL1 系列的熔断器；当短路电流很大时，宜采用具有限流作用的 RTO 和 RTI2 系列熔断器。

2.技术参数选择

熔断器的额定电压和额定电流应不小于线路的额定电压和所装熔体的额定电流。熔断器的分断能力必须大于电路中可能出现的最大故障电流。

熔体额定电流的选用方法如下：对于保护无启动过程的平稳负载，熔断器可用作过载保护和短路保护，熔体的额定电流应等于或稍大于负载的额定电流；容量较大的电动机因启动电流很大，熔体的额定电流应考虑启动时熔体不能熔断而选得较大些，因此熔断器对电动机只宜做短路保护而不能做过载保护。

对于单台不经常启动且启动时间不长的电动机的短路保护，应满足 IRN≥

（1.5～2.5）IN。当轻载启动或启动时间较短时，系数可取 1.5；当带负载启动、启动时间较长或启动较频繁时，系数可取 2.5。

对于多台电动机的短路保护，应满足 IRN≥（1.5～2.5 ）IN_{max}+∑IN。

为防止发生越级熔断、扩大事故范围，上下级（即供电干、支线）线路的熔断器间应有良好的级间配合。在选用时，应使上级（供电干线）熔断器的熔体额定电流比下级（供电支线）的大一个或者两个级差。

标准规定额定电流 16 A 及以上的串联熔体的过电流选择比为 1.6：1，即上级熔体电流不小于下级熔体电流的 1.6 倍，就能实现有选择性熔断。标准规定熔体额定电流值也是近似按这个比例制定的，如 25、40、63、100、160、250 A 相邻级间，以及 32、50、80、125、200、315 A 相邻级间，均有选择性。

（五）使用和维护熔断器时应注意的事项

上下级熔断器的熔体额定电流只要符合国标和 IEC 标准规定的过电流选择比为 1.6：1 的要求，则可认为该熔断器具备选择性断开故障电流的能力。

但其也有如下缺点：故障熔断后必须更换熔体；保护功能单一，只有一段过电流反时限特性，过载、短路和接地故障都用此防护，使用范围受限；当发生一相熔断时，对于三相电动机，将会导致两相运转的不良后果等。

因此，在使用中，应注意以下事项：

①所选熔断器参数符合被保护电路的特性及要求，在安装时，要保证接触良好。

②熔体熔断后应更换同一规格、型号的熔体。

③对于因熔断器熔断造成缺相运行的电动机控制电路，可用带报警信号的熔断器予以弥补。

④熔断器出现故障时应正确判断并及时处理，避免留下安全隐患。

第三节 常用低压电气设备的安全运行

一、电动机

要保证电动机的安全运行，则应满足其设计规定的额定条件。首先，需要合理选型，即根据负载大小选择额定功率；根据工艺、经济等要求选择电动机的类型、额定转数、绕组的接法、工作制方式；根据使用环境选择防护等级、绝缘等级。其次，避免电动机运行时的电压与电流异常、漏电、相序发生错乱等造成的损坏。最后，加强对电动机运行的维护与检查，提高运行的可靠性。

（一）电动机简介

按电源种类划分，电动机可分为直流电动机和交流电动机；按照电源相数划分，电动机可分为单相电动机和三相电动机；按照电动机的转速与电网频率之间的关系进行划分，电动机可分为异步电动机和同步电动机；按照防护形式划分，电动机可分为开启式、防护式、封闭式、隔爆式、潜水式、防水式。

直流电动机具有良好的启动性能，能实现范围较广的平滑调速，在启动和调速要求较高的机械上得到广泛使用。因此，凡是在重负载下启动或要求均匀调节转速的机械，如大型可逆轧钢机、卷扬机、电力机车、电车等，都用直流电动机拖动。但直流电动机有电流换向的问题，并且成本高，运行中的维护检修也比较麻烦。

异步电动机的结构简单，使用、维护方便，运行可靠性高，重量轻，成本低。以三相异步电动机为例，与同功率、同转速的直流电动机相比，前者重量只及后者的1/2、成本仅为1/3。异步电动机是工农业生产中最常见的电气设备，根据电动机转子结构的不同，分为鼠笼式异步电动机和绕线式异步电动机。异步电动机工作原理如下：

当三相定子绕组通入三相对称的交流电流时，会产生一个旋转磁场，这个旋转磁场磁力线切割转子上的导体，在转子导体中产生感应电流，感应电流在定子磁场作用下产生电磁转矩，从而带动转子转动。电动机转子的旋转方向是由定子绕组建立的旋转磁场的旋转方向决定的，而旋转磁场的方向与三相电流的相序有关，改变通入定子绕组电流相序即改变旋转磁场的方向，也即改变了电动机的旋转方向。当合闸瞬间，转子因惯性还未转起来，旋转磁场以最大的速度切割转子绕组，使转子绕组感应电动势最大，因而在转子导体中流过很大的感应电流，定子电流也增加很大，甚至高达额定电流的5～7倍。随着电动机转子转速的提高，定子的旋转磁场与转子导体的相对切割运动减小，转子导体中的感应电势减小，转子导体中的电流也减小，于是定子电流中用来抵消转子电流所产生的磁通的影响的那部分电流也减小，定子电流就可以实现从大到小，直至正常。

一般来说，由于启动过程不长，短时间流过大电流，发热不太厉害，电动机是能承受的，但如果正常启动条件被破坏，例如规定轻载启动的电动机作重载启动，不能正常升速，或者电压低时，电动机长时间达不到额定转速以及电动机连续多次启动等，都将可能使电动机绕组过热乃至烧毁。

（二）电动机选型

对于电动机的选择，主要根据生产机械的工艺要求及使用环境，并综合考虑电动机的种类、工作方式、防护形式、额定电压、额定转速、额定功率、经济性等方面。从安全运行角度来看，应根据机械设备及电动机所处环境选择电动机，以适应周围环境的要求；选用的电动机的额定电压与电源电压相符合；根据实际负荷合理选择电动机功率PN，如电动机容量选择偏大，就会造成投资的浪费，且其效率和功率因数也都不高，造成电能浪费，电动机的容量选得过小，电动机就会难以启动，或者勉强启动起来工作电流也会超过电动机的额定电流，导致电动机绕组过热乃至烧毁。

决定电动机额定功率的主要因素是电动机的发热及温升。电动机工作时有铜、铁摩擦等损耗，这些损耗会变为热能，使电动机温度升高。当温度升高到电动机允许最高温度时，其绕组、铁芯绝缘将迅速老化，电动机寿命大减，严重时会直接烧毁电动机。电动机选用的绝缘材料不同，其最高允许的温度也不同。电动机绝缘材料的最高允许温度限制了电动机带负载限度，而电动机功率 PN 就代表了该限度，当电动机带额定功率负载运行时，其稳定温度接近绝缘材料的最高允许温度。

除负载要求外，环境温度是影响电动机功率选择的重要因素之一，国标规定电动机最高允许温升 = 绝缘材料的最高允许温度 - 环境温度，我国规定的标准环境温度是40℃。电动机的温升与电动机的工作方式有关，常见电动机的工作方式有连续工作制、短时工作制、断续周期工作制。

连续工作制指电动机在恒定负载下连续运行，如通风机、水泵、纺织机等都选用连续工作制电动机,选取使电动机稳定温升达到电动机绝缘材料最高允许温升时的输出功率,作为该电动机的额定功率。例如,与水泵、风机等配套的电动机,从节能的观点出发,电动机在80%左右负载率运转时的效率最高。

短时工作制指电动机带恒定负载在给定的短时间内运行,例如重型吊车、电动闸门等都选用短时工作制电动机,国标规定的短时工作制标准时限为10、30、60、90 min,其功率取在规定工作时限内实际达到的最高温升等于电动机绝缘材料最高允许温升时的输出功率,作为该工作时限下的额定功率。例如,与电动闸门配套的电动机,可以允许在比额定功率偏大的情况下运行,并依据电动机的转矩是否能满足负载转矩的要求来确定。

断续周期工作制指电动机工作与停歇交替进行,带恒定负载运行时间短,停车时间也短。负载持续率(又称为暂载率)是指每个周期内工作时间所占的百分数,标准负载持续率为15%、25%、40%、60%。对于断续周期制的电动机,把在规定负载持续率下运行的实际达到的最高温升,等于电动机绝缘材料最高允许温升时的输出功率,作为其该负载持续率下的额定功率。

(三)电动机运行安全技术

电动机在运行中会因电压异常、过电流、漏电等造成设备损坏或人身伤害,常见的安全技术措施如下:

电压异常包括失压、欠压和过压、缺相(断相)、错相等。一般采用接触器和按钮来控制电动机的启停就具有失压保护功能,正常工作中的电网的电压消失,接触器会自动释放而切断电动机电源。

欠电压保护一般采用低压断路器或专门的电磁式电压继电器来实现,其方法是将电压继电器线圈跨接在电源上,常开触头串接在接触器控制回路中。当电网电压低于指定值时,电压继电器动作使接触器释放。有些场合,当电网电压降到额定电压的60%~80%时,就要求能自动切断电源而停止工作,这种保护称为欠电压保护。

过电压保护采用过电压继电器,电源电压一旦过高,过电压继电器的常闭触头就立即动作,从而控制接触器及时断开电源。过电压继电器的动作电压整定值一般可为电动机额定电压的1.05~1.2倍。

据统计,三相异步电动机的缺相运行占三相异步电动机所有故障的60%~70%。缺相运行会使电动机绕组发热,破坏电动机绝缘,以至于烧毁电动机,影响生产,甚至造成事故。造成三相异步电动机缺相运行的原因有很多，例如熔断器一相熔断，供电电源线一相断线，供电变压器一相缺相，电动机绕组接线端子一相松脱，电动机绕组内部断线，以及刀开关、低压断路器、接触器等开关电器的一相触头损坏等。当电动机未启动时，若缺相因无启动转矩电动机不能转动，较容易被发现；而当电动机在运行中发生断相时，常常不易被发现。此时，产生的过电流会导致电动机烧坏。当断相运行时，通常可以根据电流或电压发生的变化特征，检测出断相信号，构成断相保护装置。断相保护有很多方法，例如应用带断相保护的热继电器、电压继电器、欠电流继电器或专门为断相运行而设计的断相保护继电器。

电动机相序发生错乱时，将无法正常工作甚至损坏，如空气压缩机、空调制冷系统、水泵系统、起重升降设备等。例如，起重机吊钩上升限位开关通过控制电动机上升方向的接触器线圈来实现，如果相序接反电动机反转，则上升限位开关变成控制吊钩下降的极限位置，此时电动机就失去了上升限位保护功能。相序保护可采用相序继电器，取样三相电源并进行处理，在电源相序和保护器端子输入的相序相符的情况下，其输出继电器接通，设备主控制回路接通。当电源相序发生变化时，相序不符，输出继电器无法接通，从而保护了设备，避免事故的发生。

大于额定载流量的回路电流都是过电流，当回路因所接电气负载过多或所供设备过载，如所接电动机的机械负载过大，其电流值只是回路载流量的不多倍，后果则是工作温度超过规定值，使绝缘加速劣化，寿命缩短，但它并不立即导致灾害。当回路短路时，其电流可达载流量的几百倍，可产生异常高温和巨大的机械应力而导致种种灾害。对于电动机过电流保护，可通过检测过电流值的变化或过电流出现后的温升实现。

常用的短路保护装置有熔断器和断路器，应该满足以下要求：

一是必须在很短的时间内切断电源。

二是当电动机正常启动、制动时，保护装置不应误动作。

过载保护常采用热继电器、过电流继电器或电动机保护器作为保护元件。过电流继电器是由电磁效应来引发保护装置动作的，针对的是电流的瞬时大小；热继电器是由电流的热效应，即电流对时间的累积结果来引发保护装置动作。一般情况下，同一电路中过载保护动作电流值要比过电流小。值得注意的是，短路保护、过载保护不能互相代替。

在电动机电流没有超过额定值时，由于通风不良、环境温度过高、启动次数过于频繁等，电动机也会过热。在这种情况下，用以上的过流保护或过载保护都不能解决问题，需要直接反映温度变化的热保护器。温度保护通常可采用温度继电器。温度继电器主要有双金属片式和热敏电阻式两种，它们都被直接埋置在发热部位。

温度保护与热继电器过载保护都是利用温度来触发保护的，但并不完全相同。过载保护是因为电流长时间超出额定值使得继电器触发保护，而温度保护是由于散热不良、环境温度过高等使得电动机过热从而触发保护。当温度保护被触发时，电动机中的电流值可能是正常的，因此过载保护不一定会起作用。

电动机漏电保护主要是为了防止直接接触电击和间接接触电击事故，防止电气线路或电气设备接地故障引起电气火灾和电气设备损坏事故。通常，在电动机主电路中接入 RCD 或漏电断路器，防止因电动机漏电所造成的事故。电动机外壳应根据电网的运行方式，采用可靠的接零或接地保护。

二、手持式电动工具

手持式电动工具是指由电动机或磁力驱动的单相交流和直流额定电压不大于 250 V、三相交流额定电压不大于 440 V 的工具。手持式电动工具便于携带，并能用手握持或支撑或悬挂操作。

随着手持式电动工具的广泛使用，其电气安全的重要性更显得突出。手持式电动工具是在人的紧握之下运行的，人与工具之间的电阻小，且一旦触电，因肌肉收缩而难以摆脱带电体。再加上移动作业，其电源线容易受拉、摩擦而漏电，电源线连接处容易脱落而使金属外壳带电，容易造成触电事故。因此，手持式电动工具主要是防止电击，包括防直接接触电击和间接接触电击，其核心是绝缘问题。

手持式电动工具按其绝缘和防触电性能可分为以下三类：

Ⅰ类手持式电动工具防止触电的方法不仅依靠基本绝缘，而且包含附加的安全保护措施。绝缘结构中全部或多数部位只有基本绝缘，如工具设有接地装置这一附加保护措施，如果绝缘损坏或失效，可触及的金属零件通过接地装置与安装在固定线路中的保护接地或保护接零导线连接在一起，不至于成为潜在的带电体，防止操作者触电。

Ⅱ类手持式电动工具防止触电的方法不仅依靠基本绝缘，而且包含附加的安全保护措施（但不提供保护接地或不依赖设备条件），如采用双重绝缘或加强绝缘。当基本绝缘损坏或失效时，附加绝缘将操作者与带电体隔离，避免触电。Ⅱ类工具在工具的明显部位（如铭牌）标有Ⅱ类绝缘的符号"回"。它的基本类型有绝缘材料外壳型，即具有坚固的基本连续的绝缘外壳；金属外壳型，即有基本连续的金属外壳，全部使用双重绝缘的金属外壳，当应用双重绝缘不行时，便运用加强绝缘；除此之外，还有绝缘材料和金属外壳组合型。

Ⅲ类手持式电动工具依靠安全特低电压供电。所谓安全特低电压，是指相线间及相对地间的电压不超过 42 V，由安全隔离变压器供电，并能确保在工具内不产生高于特低电压的电压。

（一）手持式电动工具安全管理

手持式电动工具的管理包括如下内容：检查工具是否具有国家强制认证标志、产品合格证和使用说明书；监督、检查工具的使用和维修，工具存放场所是否干燥、有没有有害气体或腐蚀性物质；使用单位是否建立工具使用、检查和维修的技术档案。

按照产品使用说明书的要求及实际使用条件，制定相应的安全操作规程。其内容至少包括如下方面：工具允许使用范围；工具的正确使用方法和操作程序；工具使用前应着重检查的项目和部位，以及使用中可能出现的危险和相应的防护措施；工具的存放和保养方法；操作者注意事项。

电动工具安全操作规程应按照《手持式电动工具的管理、使用、检查和维修安全技术规程》、工具的使用说明书、实际使用条件等因素制定。

（二）手持式电动工具检查、维修

在发出或收回手持式电动工具时，保管人员必须对其进行检查。在使用前，使用者必须对其进行日常检查，至少应包括如下项目：是否有产品认证标志及定期检查合格标志；外壳、手柄有无裂缝或破损；保护接地线连接是否完好无损；电源线是否完好无损；电源插头是否完整无损；电源开关动作是否正常、灵活，有无缺损、破裂；机械防护装置是否完好无损；工具转动部分是否灵活、轻快，无阻滞现象；电气保护装置是否良好，动作可靠。

手持式电动工具使用单位必须有专职人员进行定期检查，每年至少检查一次；在湿热和温度变化较大的地区或使用条件恶劣的地方，还应相应缩短检查周期；在梅雨季节前，应及时进行检查；必须定期检查和测试电动工具的绝缘电阻（带电零件与外壳之间）不应低于Ⅰ类工具 2 MΩ、Ⅱ类 7 MΩ、Ⅲ类 1 MΩ。经定期检查合格的工具，应在工具的适当部位粘贴检查"合格"标志，且"合格"标志应鲜明、清晰、正确，并至少应包括工具编号、检查单位名称或标记、检查人员姓名或标记、有效日期。

对于长期搁置不用的手持式电动工具，在使用前必须测量绝缘电阻，若不满足要求，应进行干燥处理或维修，经检查合格、粘贴"合格"标志后，方可使用。

手持式电动工具如有绝缘损坏，出现电源线护套破裂、保护接地线脱落、插头插座裂开或有损于安全的机械损伤等故障时，应立即进行修理。在修复之前，不得继续使用。

手持式电动工具的维修必须由原生产单位认可的维修单位进行；使用单位和维修部门不得任意改变工具的原设计参数，不得采用低于原用材料性能的代用材料和与原有规格不符的零部件；在维修时，工具内的绝缘衬垫、套管不得任意拆除或漏装，工具的电源线不得任意调换；工具的电气绝缘部分经修理后，必须进行介电强度试验；在维修后，应测绝缘，并在带电零件与外壳间做耐压试验。由基本绝缘与带电零件隔离的 I 类工具其耐压试验电压为 950 V、III 类工具为 380 V，用加强绝缘与带电零件隔离的 II 类工具的试验电压为 2 800 V。手持式电动工具经维修、检查和试验合格后，应在适当部位粘贴"合格"标志，对于达不到应用安全技术要求的工具，必须办理报废手续并采取隔离措施。

手持式电动工具的安全使用包括允许使用范围、正确的使用方法、操作程序、使用前应检查的部位和项目、使用中可能出现的危险和相应的防护措施、工具的存放和保养方法、操作者应注意的事项等。此外，还应对使用、保养、维修人员进行安全技术教育和培训，重视对手持电动工具的检查、使用、维护的监督，防震、防潮、防腐蚀。

第四节 主要高压电气设备的安全运行

在发电厂和变电所中，通常把直接生产、输送、分配和使用电能的设备称为一次设备，对电气一次设备和系统的运行状况进行测量、控制、保护和监察的设备称为二次设备。

一次设备按其功能，可分为变换设备、控制设备和保护设备等类型。变压器和互感器属于变换设备；各种高低压开关则属于控制设备，如高压断路器、隔离开关、重合器等；限制短路电流的电抗器、熔断器和防御过电压的避雷器等属于保护设备。

一、变压器

电力变压器（符号为 T 或 TM）是变电所中最关键的一次设备，其功能是将电力系统中的电能电压升高或降低，以利于电能的合理输送、分配和使用。变压器的安全、可靠运行，直接影响用户的用电可靠性、安全性。为了保证配电变压器的正常工作，必须加强对配电变压器的运行维护管理，做好变压器的运行监视，对变压器运行中出现的异常现象进行分析、判断原因及可能发生的事故，采取措施防止事故的发生。

（一）变压器分类

变压器是一种通过改变电压而传输交流电能的静止感应电器。电力变压器按其功能分类，可分为升压变压器和降压变压器，工厂变电所都采用降压变压器，终端变电所的降压变压器也称配电变压器；按用途分类，可分为电力变压器、试验用变压器、仪器用变压器和特殊用途变压器；按相数分类，分为单相变压器和三相变压器；按绕组形式分类，分为自耦变压器、双绕组变压器和三绕组变压器；按绕组绝缘与冷却方式分类，可分为干式变压器和油浸式变压器（油浸自冷式、油浸风冷式和强迫油循环等）。

下面以绕组绝缘与冷却方式的分类方式进行介绍：

1.干式变压器

干式变压器具有结构简单、维护方便、防火、阻燃、防尘等特点，在国内得到了迅猛的发展。根据变压器采用的绝缘材料进行分类，可分为 SF6 气体绝缘干式变压器、环氧树脂绝缘干式变压器和 NOMEX 纸绝缘干式变压器。由于 SF6 气体在金属过热条件下会分解出有毒气体，目前受到制造工艺水平的限制，这种变压器在我国的应用较少。NOMEX 绝缘材料是一种高品质的 E 级绝缘材料，具有很低的介电常数和很好的介电强度与机械强度，对周围的湿度和温度不敏感。它在高温、低温及较大湿度的情况下仍有优良的性能，还有很好的阻燃性，即使在燃烧时，其烟雾中也检测不到有害物质，安全性好。

干式变压器过负荷能力与环境温度、过载前的负载情况、变压器的绝缘散热状况和发热时间常数等有关，运行单位应掌握由厂家提供的干式变压器的过负荷曲线。干式变压器以空气或其他气体如 SF6 等作为冷却介质，一般靠自然风冷，若其容量较大则通过风机冷却。当冷却方式为自然空气冷却时，变压器应在额定容量下长期、连续运行。当采用强迫风冷时，变压器输出的容量可提高 50%，可断续过负荷运行或应急事故过负荷运行。

2.油浸式变压器

根据冷却方式的不同，油浸式变压器可分为油浸自冷式、油浸风冷式、油浸水冷式和强迫油循环冷却式变压器，工厂变电所大多采用的是油浸自冷式变压器。冷却方式是以变压器油作为冷却及绝缘介质的，把由铁芯及绕组组成的器身置于一个盛满变压器油的油箱中，通过绝缘油在变压器内部的循环，将线圈产生的热带到变压器的散热器（片）上进行散热。

干式变压器和油浸式变压器的应用范围不同。干式变压器大多应用在综合建筑内（商业中心、居民小区、高层建筑、地下室、公共场所等）和人员密集场所等对防火要求高的室内场所，安装在负荷中心区，可减少电压损失和电能损耗；油浸式变压器由于"出事"后可能有油喷出或泄漏，造成火灾，一般安装在单独的变压器室内或室外，大多应用在室外且有场地以挖设"事故油池"的场所。一般根据空间来选择干式变压器和油浸式变压器，当空间较为拥挤时选择前者，当空间较大时可以选择后者，对于区域气候比较潮湿闷热的地区，常选用后者。如果使用干式变压器，必须配有强制风冷设备。

干式变压器和油浸式变压器的容量及电压范围存在区别。干式变压器一般适用于配电，容量大都在 1 600 kV·A 以下，电压在 10 kV 以下，个别也有 35 kV 电压等级的；大容量的油浸式变压器比干式变压器多，油浸式变压器可以从小到大做到全部容量，电压等级也做到了所有电压。一般来讲，干式变压器应在额定容量下运行，当长时间连续工作时，要对输出电流做适当限制，所配负载以不大于变压器额定输出电流的 90% 为宜；油式变压器的过载能力较好。

从外观上比较，干式变压器能直接看到铁芯和线圈，而油式变压器只能看到变压器的外壳；从引线形式来看，干式变压器大多使用硅橡胶套管，而油式变压器大部分使用瓷套管。与油浸式变压器相比，干式变压器维护降低了对防火、防潮的要求，免去了瓦斯保护，每年的预防性试验也取消了绝缘油项目，检修维护工作量比油浸式变压器减小许多。

（二）变压器结构

变压器是利用电磁感应原理，从一个电路向另一个电路传递电能或传输信号的一种电器。一般常用的变压器结构都是相似的，主要由铁芯、绕组及其他部件组成。

铁芯是变压器的磁路部分，把一次电路电能转化为磁能，又把该磁能转化为二次电路的电能。因此，铁芯是能量传递的媒介体。为了减小磁阻、减小交变磁通在铁芯内产生的磁滞损耗和涡流损耗，变压器的铁芯大多采用厚为 0.35～0.5 mm、由表面涂有绝缘漆的硅钢片叠装而成。铁芯必须有可靠的一点接地，叫作铁芯的正常接地。在运行中，变压器铁芯及其他附件都处于绕组周围的电场内，若不接地，铁芯及其他附件必然感应一定的电压，在外加电压的作用下，当感应电压超过对地放电电压时，就会产生放电现象，为了避免变压器内部放电，要将铁芯接地。变压器的铁芯若多点接地，其接地点之间会形成电流回路，造成铁芯局部过热，导致油分解而使气体继电器频繁动作，严重时会造成铁芯局部烧损。大型变压器通常采用的方法是：将铁芯的任意一叠片与上下夹件之间用绝缘隔开，并用 0.3 mm 厚的铜片与夹件连接好，再引到箱盖上与箱盖上的接地小套管连接好，构成铁芯的一点接地。

绕组是变压器的电路部分，它与铁芯合称电力变压器本体，是建立磁场和传输电能的电路部分，一般用绝缘铜线或铝线绕制而成。电力变压器绕组有高压绕组、低压绕组，不同容量、不同电压等级的电力变压器的绕组形式也不一样。大多数变压器是把低压绕组布置在高压绕组的里边，这主要是从绝缘方面进行考虑的。因为变压器的铁芯是接地的，而且低压绕组靠近铁芯，所以从绝缘角度较容易做到。如果将高压绕组靠近铁芯，由于高压绕组电压很高，要达到绝缘要求，就要有很多的绝缘材料和较大的绝缘距离。这样不但增大了绕组的体积，而且浪费了绝缘材料。再者，由于变压器的电压调节是靠改变高压绕组的抽头，即改变其匝数来实现的，因此把高压绕组安置在低压绕组的外边，引线也较容易。

分接开关装置在变压器油箱盖上面，通过调节分接开关来改变原绕组的匝数，从而使副绕组的输出电压可以调节，以避免副绕组的输出电压因负载变化而过分偏离额定值。分接开关有无载分接开关和有载分接开关两种。一般的分接开关有 3 个挡位，即+5%挡、0 挡和-5%挡。若要副绕组的输出电压降低，则将分接开关调至原绕组匝数多的 1 挡，即+5%挡；若要副绕组的输出电压升高，则将分接开关调至原绕组匝数少的 1 挡，即-5%挡。

油箱是油浸式电力变压器的外壳，内部装满高绝缘强度、高燃点的变压器油。变压器油是冷却介质，又是绝缘介质，能熄弧及延长变压器的寿命。油浸式变压器的器身放置在油箱内，运行时铁芯和绕组产生的热量可使变压器油在油箱内发生对流，将热量传送至油箱壁及其上的散热器，再向周围空气或冷却水辐射，达到散热的目的，从而使变压器内的温度保持在合理的水平上。

绝缘套管安装在变压器的油箱盖上面，变压器的出线从油箱内穿过油箱盖时必须经过绝缘套管，以确保变压器带电的引出线与接地的油箱绝缘。

（三）变压器保护

大型变压器一般采用如下几种保护方式：瓦斯保护（保护变压器内部短路和油面降低的故障）、差动保护、电流速断保护（保护变压器绕组或引出线各相的相间短路，大接地电流系统的接地短路以及绕组匝间短路）、过电流保护（保护外部相间短路，并作为瓦斯保护和差动保护或电流速断保护的后备保护）、零序电流保护（保护大接地电流系统的外部单相接地短路）、过负荷保护（保护对称过负荷，仅作用于信号）、过励磁保护（保护变压器的过励磁不超过允许的限度）。

变压器油位标上有+40℃、+20℃、-30℃三条刻度线，用来表示安装地点环境温度的油位高度限值。+40℃表示安装地点变压器在环境最高温度为40℃时满载运行中油位的最高限额线，油位不得超过此线；+20℃表示年平均温度为20℃时满载运行时的油位高度；-30℃表示环境为-30℃时空载变压器的最低油位不得低于此线。若油位低于-30℃刻度线，应加油。

吸湿器用以减少当变压器"呼吸"时进入储油柜内空气中的水分和灰尘杂物。吸湿器的主体为一玻璃管，内盛用氯化钴浸渍过的硅胶（变色硅胶）作为吸湿剂。当变压器负荷或环境温度的变化导致变压器油的体积发生胀缩时，迫使储油柜中的气体通过吸湿器来"呼吸"。

气体继电器（也称为瓦斯继电器）装置在油箱与储油柜的连通管道中，对变压器的短路、过载、漏油等故障起到保护的作用。按照《电力装置的继电保护和自动装置设计规范》的规定，800 kV·A及以上的一般油浸式变压器和400 kV·A及以上的车间内油浸式变压器，均应装设瓦斯保护。

变压器的瓦斯保护是保护油浸变压器内部故障的一种基本保护。瓦斯继电保护的主要元件是瓦斯继电器，它装在变压器的油箱与油枕之间的连通管上。

在变压器正常工作时，瓦斯继电器的上下油枕中不都是充满油的，油枕因其平衡锤的作用使其上下触点都是断开的。当变压器油箱内部发生轻微故障时，由故障产生的少量气体慢慢升起，进入气体继电器中，并由上而下地排除其中的油，使油面下降，上油枕因其中盛有剩余的油使其力矩大于另一端平衡锤的力矩而降落，从而使上触点接通，发出报警信号，称之为"轻瓦斯动作"。当变压器油箱内部发生严重故障时，由于故障产生的气体很多，带动流油迅猛地由变压器油箱通过连通管进入油枕，在流油经过瓦斯继电器时，冲击挡板，使下油枕降落，从而使下触点接通，直接动作于跳闸，称之为"重瓦斯动作"。如果变压器出现漏油，则会引起瓦斯继电器内的油也慢慢流尽。这时，继电器的上油枕先降落，接通上触点，发出报警信号，当油面继续下降时，会使下油枕降落，下触点接通，从而使断路器跳闸。瓦斯继电器只能反映变压器内部的故障，包括漏油、漏气、油内有气、匝间故障、绕组相间短路等，而对变压器外部端子上的故障情况则无法反映。因此，除设置瓦斯保护外，还应设置过流、速断或差动等保护。

安全气道（也称为防爆管）是装置在较大容量变压器油箱顶上的一个钢质长筒，下筒口与油箱连通，上筒口以玻璃板封口。当变压器内部发生严重故障又恰逢气体继电器失灵时，油箱内部的高压气体便会沿着安全气道上冲，冲破玻璃板封口，以避免油箱受力变形或爆炸。

安全气道与储油柜用连接管连通之后，使安全气道上部的空间与储油柜油面的上部空间连通，所以两空间的气体压强相等，这样可防止气体继电器误动作。当未加连接管时，由于玻璃膜被密封，因而安全气道上部空间与外部大气压隔绝。当油温变化时，安全气道空间的空气收缩或膨胀。若油温升高，安全气道内油面会上升，这时安全气道上空间由于气体部分溶于油内，所以其空间的压力低于大气压。一旦密封被破坏，此空间的压力等于大气压力，而安全气道内油压要比大气压力稍大，使油逆流至气体继电器内，造成气体继电器误动作。另外，当安全气道与储油柜之间不加连接管时，安全气道上部空间的压力将随储油柜内油位的变化而改变，引起玻璃膜的振动，使其密封垫加速老化，导致密封被破坏。

大型变压器还应附有排油注氮灭火装置。变压器着火的主要原因为套管的破损和闪络，油溢出后会在顶部燃烧。变压器内部发生故障会使外壳或散热器破裂，导致燃烧的油溢出。变压器内部短路电流和高温电弧使变压器油迅速老化，而继电保护装置又未能及时切断电源，使故障较长时间存在，箱体内部压力持续加大，高压油气从防爆管或箱体其他强度薄弱处喷出造成喷油爆炸事故。对于容量较大的变压器，宜安装变压器排油注氮灭火装置。

当变压器内部发生故障时，油箱内部压力急剧增加，引起气体继电器跳闸动作。若变压器温度继续升高，探测器达到动作温度，其感温元件熔断，触头接通，中间继电器线圈带电，电磁机构动作，快速把排油阀打开，开始排出高温油层。在中间继电器整定延时过后，延时常开触头接通，常开触点闭合，开启阀将氮气瓶打开，氮气通过减压阀、开启阀、注氮管路进入油箱底部，迫使油箱内部变压器油循环，使油箱下部较低温度的油和顶层高温油混合，消除热油层，并使表层油温度降到闪点之下，油箱内部火焰自动熄灭。温度探测器安装在变压器顶盖上面最可能引起火灾的地方，如控制器、调节器等电接口处。关闭阀安装在瓦斯继电器和变压器油枕之间的水平连接管上，其作用是防止储油柜中的油浇到初燃的火上，加剧火势。

二、互感器

互感器包括电流互感器和电压互感器，其作用是将一次侧的高电压、大电流变成二次侧标准的低电压（100 V）和小电流（5 A 或 1 A），分别向测量仪表、继电器的电压线圈和电流线圈供电，使二次电路正确反映一次系统的正常运行和故障情况。另外，互感器将二次回路与一次回路隔离，保证测量仪表、继电器和工作人员的安全。互感器可以将电压和电流变换成统一的标准值，从而使仪表和继电器标准化。同时，互感器二次侧均接地，这样可防止当一次、二次绝缘损坏时，在二次设备上发生高压危险。

（一）电流互感器

电流互感器（符号为 TA）是变换电流的设备。

1.电流互感器的工作特性

在正常运行时，二次绕组与仪表、继电器电流线圈串联，形成闭合回路，由于这些电流线圈阻抗很小，工作时电流互感器二次回路接近短路工作状态。

一次绕组串联在所测量的一次回路中，一次绕组匝数少而粗，有的型号还没有一次绕组，利用穿过其铁芯的一次电路作为一次绕组（相当于 1 匝）。因此，一次绕组中的电流大小取决于被测回路的负荷电流，而与二次绕组电流大小无关。

二次绕组匝数很多，导体较细。运行中的电流互感器二次回路不允许开路。电流互感器处于正常工作状态时，二次负荷电流所产生的二次磁势对一次磁势有去磁作用，因此合成磁势及铁芯中的合成磁通数值都不大。如果运行中的电流互感器二次绕组开路，二次绕组磁势等于零，而一次磁势不变，且全部用于激磁，此时合成磁通突然增大很多倍，使铁芯的磁路高度饱和。铁芯饱和，使随时间变化的磁通波形变为平顶波。在波形上升和下降处，因磁通急剧变化在二次绕组内所感应的电势可达几千伏甚至更高，威胁人身安全或造成仪表、保护装置、互感器二次绝缘损坏。另外，磁路的高度饱和使磁感应强度骤然增大，铁芯中磁滞和涡流损耗急剧上升，会引起铁芯和绕组过热，甚至烧毁电流互感器。因此，在运行中，当需要检修、校验二次仪表时，必须先将电流互感器二次绕组或回路短接，再进行拆卸操作。

电流互感器的一次电流变化范围很大。

电流互感器的结构应满足热稳定和电动稳定的要求。

2.电流互感器使用时的注意事项

电流互感器的接线应保证正确，一次绕组和被测电路串联，而二次绕组应和测量仪表、继电保护装置或自动装置的电流线圈串联。电流互感器二次绕组的接线要求：连接时应注意端子极性，否则其二次侧所接仪表、继电器中流过的电流就不是设计时的电流，会引起计量和测量不准确，并可能引起继电保护装置的误动作或拒动。

电流互感器二次回路应有一个接地点，以防当一次、二次侧绕组绝缘击穿时危及设备及人身安全，但不允许有多个接地点，且接地点应尽量靠近互感器。

二次绕组不得开路，且在其二次回路中不准装熔断器。

测量仪表和保护装置不能接在同一个二次绕组上；电流互感器与电压互感器不能互相连接，否则电流互感器相当于开路，而电压互感器相当于短路，会危及设备和人身安全。

应加强对电流互感器的巡视检查，在运行中，电流互感器应无异声及焦臭味，连接接头应无过热现象，瓷套应清洁且无裂痕和放电声，注油的电流互感器油位应正常，无渗漏油现象等。

在电流互感器运行时，如果有嗡嗡声响，应检查内部铁芯是否松动，可将铁芯螺栓拧紧。当电流互感器二次侧线圈绝缘电阻低于 10 MΩ时，必须进行干燥处理，使绝缘恢复后方可使用。

（二）电压互感器

电压互感器可以将高电压变成低电压，所以它的一次绕组的匝数较多，而二次绕组的匝数较少，相当于降压变压器。

1.电压互感器的工作特性

电压互感器在工作时，一次绕组并联在电路中，二次回路中仪表、继电器的电压线圈与二次绕组并联，这些线圈的阻抗很大。当其正常运行时，电压互感器二次绕组近似工作在开路状态。

电压互感器一次侧电压决定于一次电力网的电压，不受二次负载的影响。

运行中的电压互感器二次侧绕组不允许短路。电压互感器二次侧所通过的电流由二次回路阻抗的大小来决定，当二次侧短路时，将产生很大的短路电流损坏电压互感器。为了保护电压互感器，一般在二次侧出口处安装熔断器或快速自动空气开关，用于过载和短路保护。

2.电压互感器使用时应注意事项

应保证电压互感器接线的正确性，一次绕组和被测电路并联，二次绕组应和所接的测量仪表、继电保护装置或自动装置的电压线圈并联，同时要注意极性的正确性。

电压互感器在投入运行前，要按照规程规定的项目进行试验检查，如测极性、连接组别、测绝缘、核相序等。

电压互感器各级熔断器应配置适当，二次侧不允许短路。可以在电压互感器的二次侧装设熔断器，以保护自身不因二次侧短路而损坏。在可能的情况下，一次侧也应装设熔断器，以保护高压电网不因互感器高压绕组或引线故障而危及一次系统的安全。

副边绕组连同铁芯必须可靠接地。电压互感器二次绕组必须有一点接地，因为接地后，当一次和二次绕组间的绝缘损坏时，可以防止仪表和继电器出现高电压而危及人身安全。

接在电压互感器二次侧负荷的容量应合适，不应超过其额定容量，否则会使互感器的误差增大，难以达到规定的准确度等级。

参 考 文 献

[1]田怀青. 电气工程自动化中的问题与应对措施分析[J]. 集成电路应用，2022，39（4）：84-86.

[2]曹淑童. 电气自动化系统中的继电保护安全措施分析[J]. 集成电路应用，2022，39（2）：244-245.

[3]陈鼎淇. 基于 PLC 工程的机械电气设备安全控制系统研究分析[J]. 科学技术创新，2021（31）：8-10.

[4]陈帆. 关于矿山电气安全管理与技术研究[J]. 冶金管理，2022（7）：43-45.

[5]陈光柱. 机床电气控制技术[M]. 北京：人民邮电出版社，2013.

[6]高莹. 铝电解多功能机组安全控制的发展[J]. 有色设备，2020，34（3）：8-11.

[7]高云聚. 自动化控制技术在仪器仪表中的应用[J]. 集成电路应用，2022，39（4）：286-287.

[8]郝强. 发电厂中的自动化技术应用[J]. 集成电路应用，2022，39（4）：272-273.

[9]李慧. PLC 在煤矿电气自动化过程中的应用研究[J]. 矿业装备，2022（2）：4-5.

[10]李磊，胡勇. 石油化工电气工程的安全管理策略[J]. 中国石油和化工标准与质量，2021，41（20）：67-68.

[11]李庆. 风力发电电气设备安全管理及维护研究[J]. 内蒙古煤炭经济，2021（12）：127-128.

[12]李吴荣. PLC 技术在电气自动化设备中的应用[J]. 集成电路应用，2022，39（4）：242-243.

[13]梁国美. 铜冶炼设备圆盘浇铸机组电气自动化控制设计[D]. 南昌：南昌大学，2019.

[14]刘嘉玮. 电气自动化在电气工程中的应用探究[J]. 矿业装备，2022（2）：102-103.

[15]刘小龙. 浅析化工企业电气工程的安全管理策略[J]. 石河子科技，2022（3）：

47-48.

[16]刘月波. 基于 PLC 的化工自动化控制系统设计和实现[J]. 科技资讯，2022，20（14）：70-72.

[17]罗金博.电气自动化仪表工程的安装调试技术研究[J].造纸装备及材料，2022,51（3）：64-66.

[18]米捷.PLC 技术在电气工程及其自动化控制中的应用分析[J]. 中国设备工程，2022（7）：185-186.

[19]欧娟娟，段向军，王春峰. 基于 PLC 技术的电气设备自动控制系统[J]. 淮阴师范学院学报（自然科学版），2022，21（2）：132-137.

[20]蒲天旺. 电气工程中电力拖动系统自动控制与安全保护的分析[J]. 电子元器件与信息技术，2021，5（1）：103-104.

[21]舒冬梅.化工厂电力线路和电气设备及其消防安全检查控制[J]. 化工管理，2021（2）：129-130.

[22]宋宗发. 瑞龙煤矿综放工作面机电设备管理分析[J]. 能源与节能，2022（3）：207-208.

[23]孙庆峰. 工业自动化 PLC 控制的应用与调试研究[J]. 南方农机，2022，53（12）：144-146.

[24]王杰. 数字化矿山系统及智能化在矿井中的应用[J]. 矿业装备，2022（2）：194-195.

[25]吴官韬. 探讨电气自动化技术在水处理中的应用趋势[J]. 技术与市场，2022，29（3）：104-105.

[26]吴铭莉. 架空输电线路电气施工安全管理思考[J]. 科技创新与应用，2020（30）：183-184.

[27]熊锐. 火电厂电气控制系统设计与应用[D]. 南昌：南昌大学，2020.

[28]许福鹿，蔡长春. 基于六大协同安全管理的变电设备运维提升策略研究[J]. 农电管理，2021（12）：58-59.

[29]杨馥华. 电气自动化专业实训教学方法创新与实践[J]. 电气电子教学学报，2022，44（2）：188-190.